U0333863

汉竹主编●健康爱家系列

80后男人厨房：
无敌下饭菜

孔瑶 编著

汉竹图书微博
http://weibo.com/hanzhutushu

读者热线
400-010-8811

江苏凤凰科学技术出版社 | 凤凰汉竹
全 国 百 佳 图 书 出 版 单 位

唯有美食与爱不可辜负

一直很喜欢做菜，大概从初中开始，就在家瞒着爸妈偷偷开始独立操作，一碗清汤面或是一盘蛋炒饭，虽然当时会做的不多，味道也不怎么样，但依然乐此不疲。

随着年龄的增长，每年遇上爸妈生日，也会主动做上一桌“卖相不好看”的家常饭菜来表达自己对爸妈的感恩之情。在家人眼里，爱才是他们最想收到的礼物。与其在琳琅满目的礼品中精挑细选，不如送上一顿爱心大餐，这样更能表达自己的孝心和敬意。

毕业后与几位大学同学一起，在南京认真努力地打拼着，也因为喜欢做菜与记录男人之间在这座城市中发生的小故事，所以才有了一个让很多人喜欢的“80后男人厨房”。那时每天就是想着，该做什么样的饭菜来慰劳一下忙碌工作一天的自己和室友们。

成家以后，就更喜欢研究怎样把菜做得更上一层楼，为了家人的健康，合理搭配每日膳食，努力做到营养均衡。特别是后来有了女儿，那更是想要精益求精，每天就是想着做些什么给女儿吃，怎样才能吃得好，吃得营养。这些汇成一个字，那就是“爱”。

因为心里有爱，每天在厨房里与柴米油盐打交道，才不会那么的乏味。

因为有爱，才知道天下最美味的是自己用心做的饭菜。

唯有美食与爱不可辜负，如果你也想和我一样，甘愿“为爱下厨房”，那为你爱的人做一次饭吧！给家人一份爱，一份幸福，一份快乐，用美食来表达一下你对他们的感情。

孔瑶

2014年10月

目录

Contents

Part 1 80后男人的十道招牌下饭菜

Part 2 无辣不欢的开胃菜

Part 3 肉：没有它，简直吃不下饭

Part 4 蔬菜：下饭的新花样、新惊喜

Part 5 蛋：搬个鸡蛋当救兵

Part 6 鱼、虾、贝："鲜"香停不了

Part 7 最鲜的下饭素食

Part 8 下饭好搭档：汤、小菜

附录：花样主食 配着小炒吃

Part 1

80后男人的
十道招牌下饭菜

你的餐桌会变得丰富多彩，
你的家人会认可你的付出，
而你也会从家人吃得开心的表情中，
感受到**快乐**和**满足**。

我的网络美食之旅是从 2007 年开始的。

最开始的时候，我经常在网络上查看别人做的菜肴，然后每周会花一些时间亲自去学做这些菜。这个过程很辛苦，买菜，做菜，拍照，都是自己一个人完成的。之后再将自己做菜的过程和成果上传到网络上，跟网友分享和交流。

渐渐地，我的菜越做越好，关注我的网友也越来越多。从简单的素菜做到荤菜，做到海鲜，甚至后来的烘焙，我做的美食越来越有特色，也越来越好吃。就这样一步一步，时间让我沉淀了许多东西。

这期间，我感受最深的一点就是，做一件事情，就要坚持把它做下去。一个星期学做 2 道菜，一个月就是 8 道菜，一年下来就会有 100 道菜。只需要一年时间，这 100 道菜就足以犒劳你的亲朋好友，你的家人，还有爱美食、爱生活的你。100 道菜学会了，完全可以融会贯通到更多的菜，这就是懂厨艺、会拿手菜的秘诀。

下厨如果是你的爱好，那就把这个爱好坚持下去，活学活用。你的餐桌会变得丰富多彩，你的家人会认可你的付出，而你也会从家人吃得开心的表情中，感受到快乐和满足。

在南京小龙虾上市的季节，我常常早起去菜市场，选购一些新鲜的小龙虾，拿回家刷洗干净，搭配上辣椒等调味料，花上半个小时就能做出一道香辣小龙虾。和家人、朋友一起吃，那感觉太过瘾、太赞了。

糖醋排骨是我闭着眼睛都能做出的好滋味，因为做的次数太多了。我女儿现在也特别喜欢吃，于是我大概每周都会给她做一次。把酸甜的汁浇在饭上，再加上两三块糖醋排骨，小孩不爱吃才怪呢！

爆炒腰花也是我最得意的菜之一。从最初不会去除猪腰里的白臊，到后来能熟练地切出漂亮的腰花，这个过程充满了不停练习和坚持的汗水。当我能炒出一盘美味的腰花时，那种喜悦和成就感是最美妙的。

……

这些，就是我的拿手菜，也是我一生宝贵的财富。

这些，就是我的**拿手菜**，
也是我**一生**宝贵的财富。

香辣小龙虾

制作时间：45分钟　下饭指数：★★★★★

材料

龙虾1000克

干红辣椒2个

大料、花椒、葱、姜、蒜头各适量

调料

郫县豆瓣酱2大勺

料酒1大勺

白糖1小勺

盐1/2小勺

植物油适量

❶ 捏住龙虾三片尾巴中间的那一片，左右拧一下，将肠线抽出，洗净后氽水3分钟，捞出沥水。（图1）

❷ 干红辣椒、蒜头切碎，葱切大段，姜切片。热锅入油烧至七成热，倒入干红辣椒、大料、花椒、葱、姜、蒜爆香。（图2）

❸ 调入郫县豆瓣酱，快速翻炒均匀后，倒入龙虾，翻炒数下。（图3）

❹ 调入料酒、白糖，翻炒均匀，倒入热水至没过龙虾2/3处，大火烧开后转小火。（图4）

❺ 焖煮20分钟后调入盐，翻炒均匀，继续焖煮至锅中汤汁还剩小半碗。（图5）

❻ 转大火将汤汁收至少许即可关火。

下饭秘诀

❶ 龙虾一定要用刷子刷洗，去泥土，再反复清洗。

❷ 到最后收汁时，可以将花椒、姜片、葱捞出，这样成品看起来比较美观。

❸ 喜欢带汤汁口感的到第5步，就可以关火了。

❶

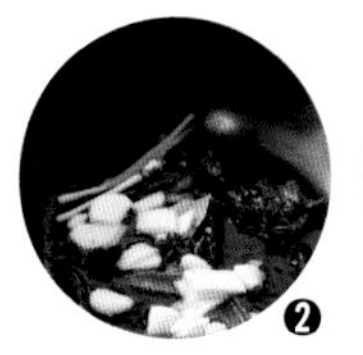
❷

❸

❹

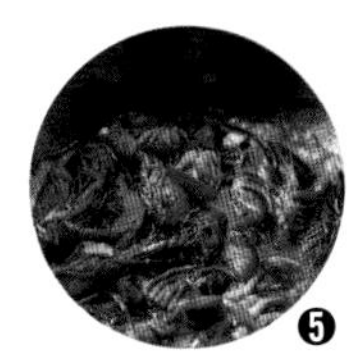
❺

夏天来南京，
不吃小龙虾就算白走了这一趟。
如果你来我家做客，
我一定会用最鲜美的小龙虾来招待你，
让你吃过之后就不想离开。

我的女儿两岁多了，
从一岁开始，
她就喜欢用小手抓一块排骨慢慢啃，
这让我无比自豪和开心。
糖醋排骨不难做，
却能让你的孩子有最初的美味回忆，
一直伴随着她。

糖醋排骨

制作时间：50分钟　下饭指数：★★★★★

材料	调料
肋排500克	米醋、白糖各2大勺
冰糖10克	料酒1大勺
姜6片	生抽、老抽各1小勺
	盐1/2小勺
	植物油适量

① 锅中加入适量水烧开，倒入料酒、姜片，将肋排汆水后捞出，沥干水。（图1）

② 热锅入油加热，倒入冰糖炒糖色。油起泡沫时，颜色开始变黄。（图2）

③ 倒入肋排，快速翻炒，使肋排裹满糖色。（图3）

④ 调入生抽、老抽、米醋、白糖，加开水至没过肋排。（图4）

⑤ 大火烧开后转中小火炖煮40分钟，调入盐。

⑥ 最后大火将汤汁收至黏稠即可。（图5）

下饭秘诀

① 买质量好的肋排，而不是普通的排骨，可以提前让店家帮忙剁成块。

② 炖排骨时一定要倒入开水，而不是冷水，否则排骨的味道会不香，口感也较硬。

③ 最后收汤的步骤很关键，大火收汤时，要多翻动锅里的排骨，否则糖醋汁容易煳锅。

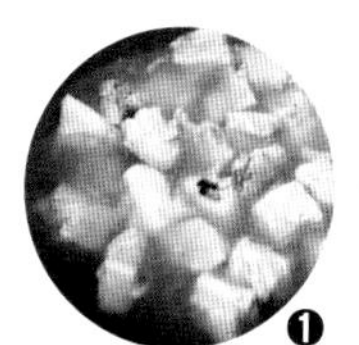
❶

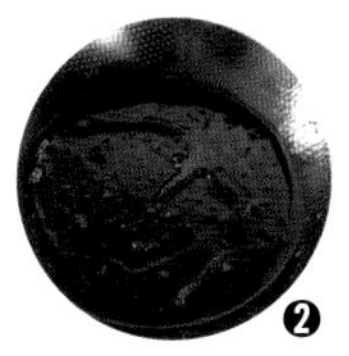
❷

❸

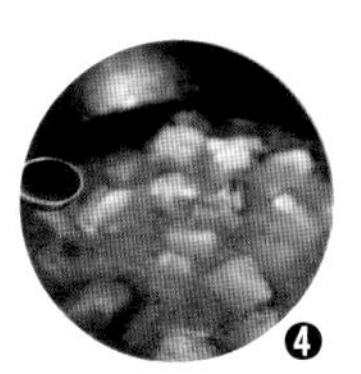
❹

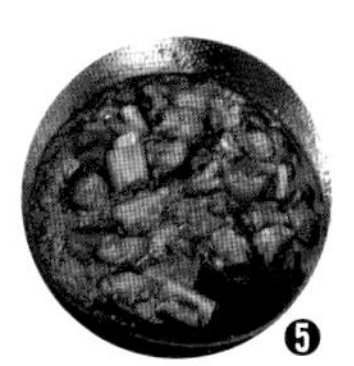
❺

宫保鸡丁

制作时间：15分钟　下饭指数：★★★★★

材料

- 鸡胸肉250克
- 花生米100克
- 葱、姜各适量

调料

- 郫县豆瓣酱1大勺
- 料酒、干淀粉、白糖各1小勺
- 醋1/2小勺
- 盐1/4小勺
- 植物油适量

下饭秘诀

1. 这是一道要大火快炒的菜，所以需要提前将材料、调料备好，否则时间过长，鸡丁的口感就会发硬。
2. 炸花生米时，要将油与花生米一起放入锅中，再放到火上加热，使其受热均匀。这样炸出的花生米香脆、质松可口。
3. 喜欢麻辣口味的，可提前爆香花椒、干红辣椒，待炒出香味后将其捞出，然后再进行烹制。

1. 葱切小段，姜切末。鸡胸肉切成1厘米大小的丁，加入盐、料酒和干淀粉，搅拌均匀后腌制15分钟。（图1）
2. 锅中加入适量水烧开，将腌制过的鸡丁入锅汆水后捞出沥水。（图2）
3. 适量油和花生米一起放入锅中，小火加热，花生米炸至发出噼啪声时捞出沥油。（图3）
4. 另起锅入油烧至七分热，将葱段、姜末入锅爆香，调入郫县豆瓣酱炒匀。（图4）
5. 倒入鸡丁，炒至鸡丁裹上酱色，依个人口味调入白糖、醋，再快速翻炒均匀。（图5）
6. 倒入炸好的花生米，翻炒数下即可出锅。

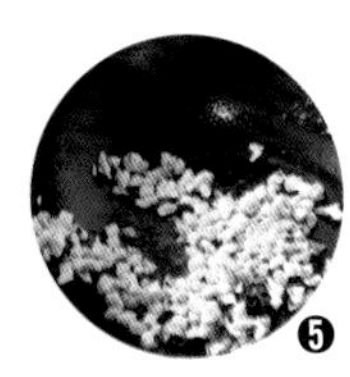

一块鸡胸肉，一把花生米，
想用这两样简单的食材做出好滋味，
也要下一番工夫。花生米如何去炸，
鸡丁如何拌嫩，一旦学会了，
这就是你享用一生的美味。

鲜辣的鱼香肉丝中，
最喜欢笋的味道，
如果缺少了新鲜的竹笋，
这也就不是我的拿手菜了。

鱼香肉丝

制作时间：15分钟 下饭指数：★★★★★

材料	调料
笋100克	郫县豆瓣酱1大勺
木耳5克	料酒、干淀粉、白糖、生抽各1小勺
猪肉200克	醋1/2小勺
葱、蒜头各适量	盐1/4小勺
	水淀粉、植物油各适量

做法

1. 木耳温水泡发洗净，葱切段，蒜头切末。（图1）
2. 泡好的木耳撕小朵，笋、猪肉分别洗净切丝；肉丝加少许盐、料酒和干淀粉稍加腌制。（图2）
3. 锅中加入适量水烧开，笋、木耳入锅焯水后捞出。（图3）
4. 热锅入油烧至七成热，葱段、蒜末入锅爆香，然后倒入肉丝迅速划开炒散，炒至肉色变白，调入郫县豆瓣酱炒散。（图4）
5. 倒入笋、木耳，快速翻炒数下，调入白糖、醋、生抽，加入少量水，翻炒均匀。（图5）
6. 根据个人口味调入盐，最后倒入水淀粉勾芡，翻炒均匀，待汤汁黏稠时即可出锅。

下饭秘诀

1. 可提前将白糖、醋、生抽用水兑成调味汁，以免炒菜时手忙脚乱。
2. 笋可以买保鲜装的，只需将笋心的白色钙化物质洗净即可，不需要焯水。也可用茭白代替笋。
3. 干木耳宜用温水泡发，泡发后仍然紧缩的部分不宜食用。泡发时加一些干淀粉，有助于清洗木耳上的脏物质。

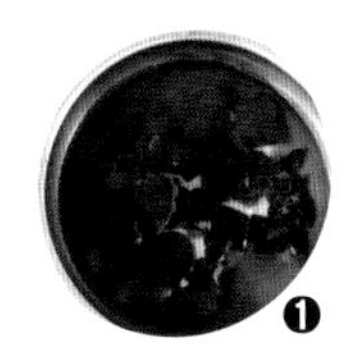

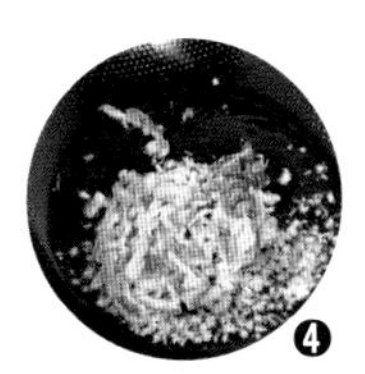

杭椒牛柳

制作时间：15分钟　下饭指数：★★★★★

材料

牛里脊200克
杭椒3个
小红尖椒1个
姜适量

调料

蚝油、料酒、干淀粉各1大勺
盐1/4小勺
蛋清半个
植物油适量

❶ 牛里脊切丝，杭椒、小红尖椒切丝，姜切片。（图1）

❷ 牛里脊丝加姜片、料酒、干淀粉、盐、蛋清和少量植物油，搅拌均匀后腌制15分钟。（图2）

❸ 热锅入油烧至六成热，油微微冒青烟时，将牛里脊丝入锅过油炸一下捞出。（图3）

❹ 锅内留少量底油，调入蚝油炒匀。（图4）

❺ 倒入牛里脊丝，翻炒至牛里脊丝裹上酱色，调入少许盐。（图5）

❻ 倒入杭椒、小红尖椒，翻炒至杭椒、小红尖椒断生即可。

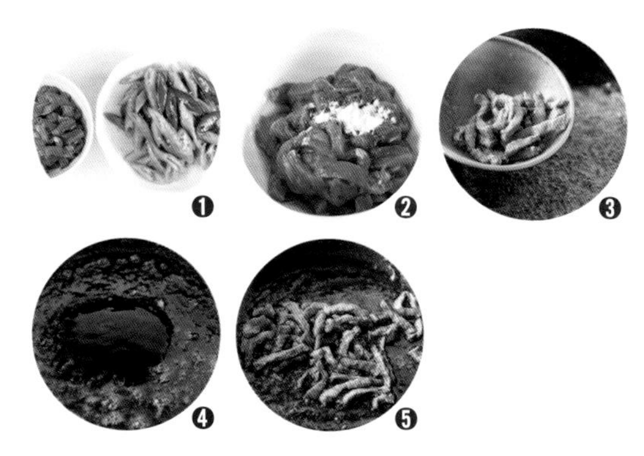

下饭秘诀

❶ 牛里脊切丝前可去除筋膜，装入保鲜袋，用擀面杖轻轻敲打，这样可以使牛肉更滑嫩。
❷ 牛里脊切丝的时候，横切片竖切条（针对牛肉的纹理），这样不容易塞牙。
❸ 腌制牛里脊丝时可放一些色拉油，这样可避免下锅时肉丝黏在一起。

每当朋友要来我家做客的时候，我都会早起，
去超市选购新鲜的牛里脊来做这道菜。
朋友每次都会赞不绝口，
因为除了鲜嫩的牛里脊外，
还有我的真心在里面。

从不会处理猪腰，
到现在能熟练地切成腰花，
尝试过几十次，
这才成为我的拿手菜。
我把它推荐给许多朋友，
他们也都喜欢这道美味的爆炒腰花。

爆炒腰花

制作时间：10分钟　下饭指数：★★★★☆

材料

猪腰2个

洋葱1个

青椒、红椒各1个

葱、姜各适量

调料

豆瓣酱、料酒、干淀粉各1大勺

生抽1小勺

白糖、盐各1/4小勺

植物油适量

做法

❶ 洋葱去皮洗净，切滚刀片，青椒、红椒均洗净切块，葱、姜均切末。（图1）

❷ 猪腰对半剖开，去除中间的白臊，用刀将猪腰的光面斜划几刀，再反向划几刀，注意不要划断，切成腰花。（图2）

❸ 切好的腰花加入葱、姜、料酒、盐、干淀粉，拌匀后腌制20分钟。（图3）

❹ 锅内加入适量水烧开，倒入腌好的腰花，一变色立刻捞出沥水。（图4）

❺ 热锅入油烧至七成热，调入豆瓣酱炒散，倒入猪腰，快速翻炒上色。（图5）

❻ 调入生抽、白糖，翻炒均匀，倒入洋葱、青红椒。根据个人口味调入盐，充分翻炒均匀即可出锅。

下饭秘诀

❶ 一定要除去猪腰里的白臊，如果没有处理干净，会有难闻的味道。可以利用剪刀剪除，直至猪腰里没有白色东西。

❷ 猪腰难免有些异味，因此做菜用料要重一些，以增加香味，减除异味。

❸ 腰花要炒得嫩而不老，秘诀在于猪腰切片不要太薄，而且一定要等水滚开后，再将腰花汆水，时间要短，约煮15秒立刻捞出，稍加烹炒即可。

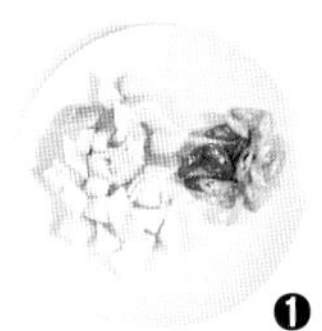
❶

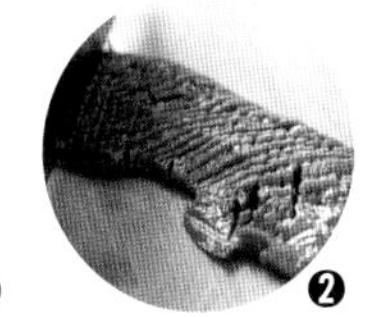
❷

❸

❹

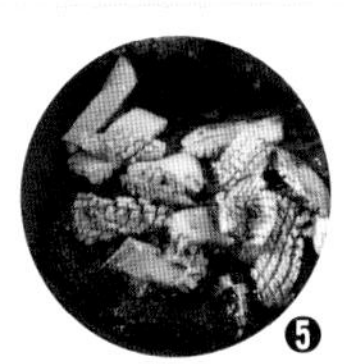
❺

干煸四季豆

制作时间：15分钟　下饭指数：★★★★☆

材料

四季豆300克

干红辣椒5克

蒜头2瓣

调料

生抽1小勺

盐、白糖1/4小勺

花椒、植物油各适量

下饭秘诀

1. 炸四季豆时，适当撒入少许盐，可以保持四季豆的色泽。
2. 烧油时，看到冒青烟即为六成热，炸制时要注意火候，保持大火但要不停翻动，以免将四季豆炸煳。
3. 没有熟透的四季豆会引起食物中毒，所以一定要炸透了。

做法

1. 干红辣椒切碎，蒜头切末，四季豆摘去老筋，洗净后完全沥干水分，切成小段。（图1）
2. 热锅入油烧至六成热，倒入四季豆，用高火高温将四季豆炸至表皮起皱后捞出。（图2）
3. 锅内留适量底油，先将花椒放入炒至微焦，再放入蒜末爆香。（图3）
4. 倒入干红辣椒炒香，调入生抽、白糖。（图4）
5. 再将四季豆倒入锅中，煸炒至干。（图5）
6. 根据个人喜好调入适量的盐，充分翻炒均匀即可出锅。

一点点花椒和辣椒，
四季豆只有干煸的味道才是最美味的。

选择新鲜的虾仁，配上滑嫩的鸡蛋，
这道菜一定会成为你餐桌上的亮点，
成为家人爱吃的美味。

滑蛋虾仁

制作时间：5分钟　下饭指数：★★★★★

材料	调料
鸡蛋3个	料酒、干淀粉各1小勺
虾仁100克	盐1/4小勺
葱适量	植物油适量

① 葱切葱花，虾仁加入干淀粉、料酒，拌匀后腌制15分钟。（图1）

② 鸡蛋打散，加入盐和少量干淀粉搅打均匀。（图2）

③ 虾仁倒入鸡蛋液中，稍稍划散。（图3）

④ 热锅入油烧至七成热，倒入虾仁鸡蛋液。（图4）

⑤ 快速翻炒划散虾仁，蛋液与虾仁一起凝固，待虾仁变色后，撒入葱花关火即可出锅。（图5）

下饭秘诀

① 蛋液中加入干淀粉会让鸡蛋的口感更滑嫩。

② 在炒虾仁的过程中，虾仁稍变色即可盛出，炒老了影响口感。

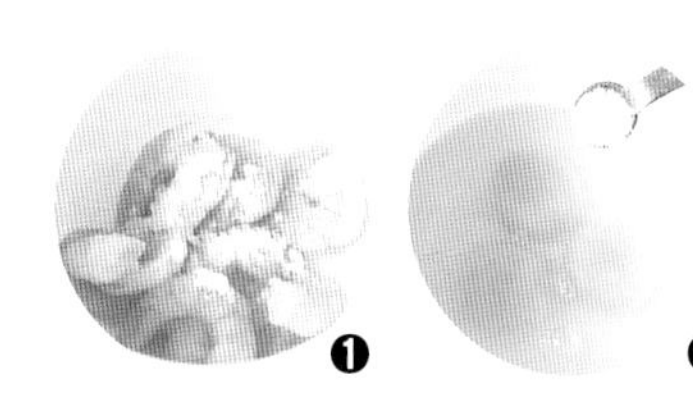
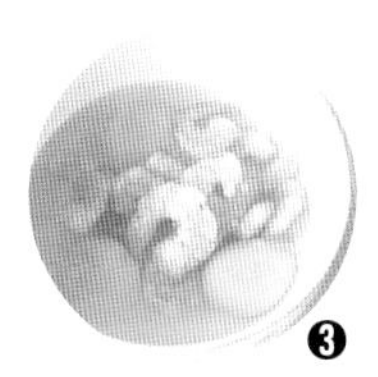
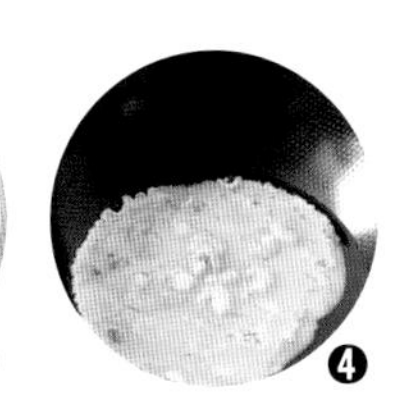

麻辣牛里脊

制作时间：15分钟　下饭指数：★★★★☆

材料

牛里脊300克

干红辣椒10克

白芝麻、花椒、葱、姜各适量

调料

蚝油1大勺

生抽、料酒各1小勺

白糖1/4小勺

盐1/8小勺

蛋清半个

植物油适量

做法

❶ 葱、姜均切末，干红辣椒切小段，牛里脊洗净切丝，调入生抽、料酒、蛋清、少量植物油、葱、姜，搅拌均匀后腌制20分钟。（图1）

❷ 热锅入油烧至六成热，油微微冒青烟时，将牛里脊丝入锅过油，然后捞出。（图2）

❸ 锅内留少量底油，花椒入锅爆香。（图3）

❹ 倒入牛里脊丝，翻炒数下。（图4）

❺ 调入蚝油、白糖和盐，倒入干红辣椒段，快速翻炒数下。（图5）

❻ 最后撒上白芝麻即可出锅。

下饭秘诀

❶ 民间素有“横切牛肉直撕鸡”的说法，切牛肉要逆着纹路切，才能把筋切断。这样切出的牛肉，制作出来味道才好。不然，炒出来的牛肉就会发硬，嚼不烂，塞牙。

❷ 腌制时除了加入蛋清可以使肉质嫩滑之外，也可以加一些干淀粉，但干淀粉的量一定要掌握好，如果量过多了，肉一入锅就会粘到一起，影响口感。

既像零食、却很少有人做的一道菜，
能把它做好，做得有滋味，
一定会让你的家人和朋友对你竖起大大的拇指。

如果不太喜欢吃辣的你，碰上这道辣子鸡，
吃一口炸得酥脆的鸡块，
从此你会爱上辣椒与鸡肉的组合，
也不再排斥辣的食物了。

辣子鸡

制作时间：20分钟　下饭指数：★★★★★

材料

- 鸡胸肉300克
- 白芝麻、干红辣椒、葱、姜各适量

调料

- 料酒1大勺
- 生抽、干淀粉、盐各1小勺
- 白糖1/4小勺
- 植物油适量

做法

① 干红辣椒、葱均切段，姜切片。鸡胸肉切小块（拇指大小），加入适量葱、姜、盐、白糖、干淀粉、料酒、生抽，拌匀后腌制20分钟。（图1）

② 热锅入油烧至八成热，倒入鸡块，不时用筷子将鸡块拨散以免粘连。（图2）

③ 待鸡块炸至金黄色后捞出沥油。（图3）

④ 锅内留底油，葱、姜入锅爆香，倒入干红辣椒，翻炒至气味开始呛鼻。（图4）

⑤ 放入炸好的鸡块，快速翻炒。（图5）

⑥ 炒至鸡块均匀地分布在辣椒中，撒上白芝麻即可出锅。

下饭秘诀

① 腌制鸡胸肉时，盐的用量一定要足，如果炒鸡块的时候再加盐，盐味是进不了鸡肉的，因为鸡肉的外层已经被炸干，质地比较紧密，盐只能附着在鸡肉的表面。

② 烧油时锅中插入筷子，筷子边上有少量小气泡慢慢冒出，是六成热；有很多气泡匀速冒出，即是七成热；有大量小气泡快速冒出，则是八成热。

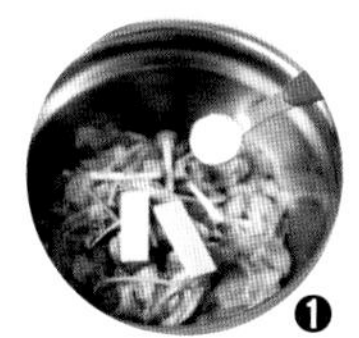

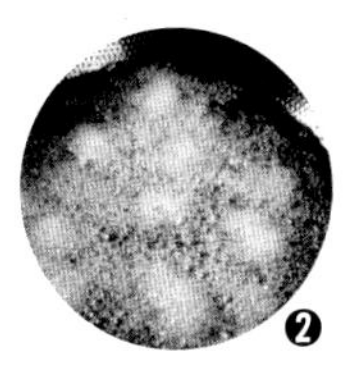

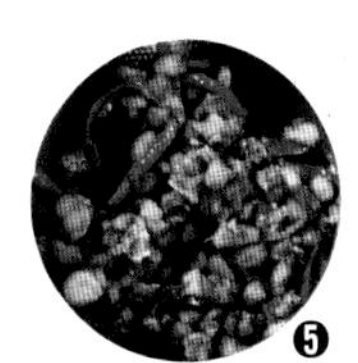

Part 2
无辣不欢的开胃菜

给自己的餐桌上端上一盘**辣菜**，
吃得**酣畅淋漓**、意犹未尽，
将烦恼、压力通通抛开，
感受**生活**的**美好**。

像南京这样的江南地区，虽然饮食有着明显的地域菜系特色，但也有众多其他菜系的美食落根此地。

出来工作之后，接触了各种各样的菜肴，也走进过各种各样的饭店。我的很多朋友是比较喜欢辣菜的，大家在一起小聚，几盘辣菜下饭，再加上一两杯啤酒，畅谈人生，爽哉！渐渐地，我也喜欢上辣菜，并且尝试做一些辣菜。在我看来，喜欢吃辣的人，大多也是性格豪爽的人。

很多辣菜虽然很辣，但吃进嘴里的香辣滋味，也是其他菜所无法相比的。有时候，给自己的餐桌上端上一盘辣菜，吃得酣畅淋漓、意犹未尽，将烦恼、压力通通抛开，能够感受到生活的美好。

为了探寻更多辣菜的滋味，我经常去一些辣菜馆。蚂蚁上树、麻婆豆腐、香辣鸡丁藕……在尝过这些辣菜之后，我就想把这些辣菜搬回自己的家，再通过网络和大家分享，教会更多的人做这些辣菜。很多网友跟着我学做辣菜，也喜欢上辣菜，还把辣菜推荐给身边的亲朋好友。

麻辣，是辣菜最大的特点。因此，花椒和辣椒算是辣菜中特别重要的食材了。

花椒，可以用小火在油锅里煸炒，制成花椒油；也可以将花椒炒香后，碾碎成粉，掺入细盐制成椒盐。花椒油和椒盐都是炒菜中经常用到的调味料。比如在炒酸辣土豆丝的时候，将油锅中爆香的花椒捞出，再倒入土豆丝翻炒，炒出的土豆丝会非常美味。

不同的辣菜所用的辣椒也不尽相同。在做剁椒的时候，一般用新鲜的红辣椒，用剁椒炒出的剁椒鸡蛋爽口无比。如果喜欢特别辣，可以选择特别辛辣的尖椒，炒一份辣出眼泪却又忍不住要吃的杭椒牛柳。如果喜欢微辣，普通的青红椒最合适了，简单的青椒炒面筋也有好滋味。而不喜欢辣，但又想吃辣椒，就可以选择甜椒。

选对口味，享受生活，最简单，也最不简单。

选对口味，享受生活，
最简单，也最不简单。

蚂蚁上树

制作时间：10分钟　下饭指数：★★★★★

材料

猪瘦肉100克

细粉丝100克

葱、姜各适量

调料

辣豆瓣酱1大勺

生抽、料酒、干淀粉各1小勺

白糖1/4小勺

盐1/8小勺

植物油适量

做法

❶ 细粉丝用开水泡软，捞出剪成段，沥干水分。（图1）

❷ 葱切葱花，姜切末，猪瘦肉剁成肉末，加料酒、干淀粉、盐，搅拌均匀后腌制15分钟。（图2）

❸ 热锅入油烧至七成热，葱花、姜末入油锅爆香，后倒入肉末煸炒出油。（图3）

❹ 调入1大勺辣豆瓣酱，翻炒均匀。（图4）

❺ 往锅内倒入粉丝和少量水，调入白糖、生抽拌匀。（图5）

❻ 翻炒至汤汁收干，撒上葱花炒匀即可。

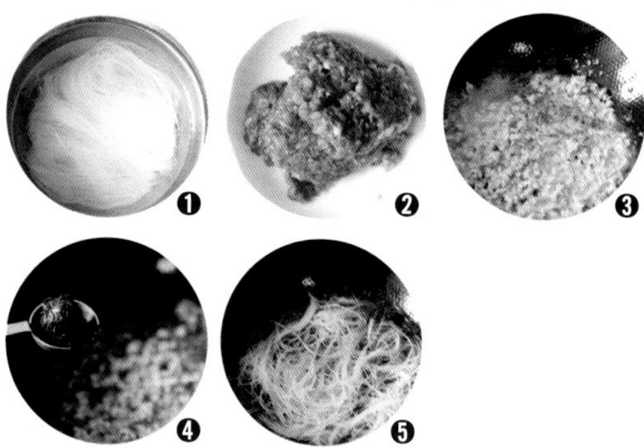

下饭秘诀

❶ 粉丝的品种很多，粗细不一，可依个人喜好进行选择。

❷ 烹炒粉丝时倒入的水不宜过多，否则粉丝易吸水发胀，影响口感。

❸ 豆瓣酱很咸，生抽无须多放，加入适量白糖可以中和麻辣味，并且能提鲜。

女儿小瑶会问我，
为什么蚂蚁上树里面没有蚂蚁呢？
我就问她，如果里面有蚂蚁的话你敢吃吗？
知道没有蚂蚁后，她吃得很开心。

辣白菜平时都是喝粥的时候吃，
偶尔与肉片搭配着炒，
会有别样的风味，很下饭。

辣白菜炒肉片

制作时间：10分钟　下饭指数：★★★★☆

材料

五花肉200克
辣白菜200克
姜适量

调料

生抽、料酒各1小勺
白糖1/4小勺
植物油、盐各适量

做法

❶ 五花肉切薄片，辣白菜切小段，姜切丝。（图1）

❷ 热锅入少量油烧至七成热，姜丝入锅爆香，倒入五花肉片，调入料酒。（图2）

❸ 煸炒五花肉至肉色发白，并析出大量的猪油。（图3）

❹ 倒入辣白菜，调入生抽、白糖、盐。（图4）

❺ 翻炒1分钟出锅即可。（图5）

下饭秘诀

❶ 选用肥瘦相间的五花肉，烹炒时肥肉会析出大量的猪油，炒出来的菜会特别香。

❷ 买的辣白菜无须再次清洗，直接切小段就可以进行烹炒。辣白菜营养丰富，也可用于煲汤和拌凉菜。

❸ 辣白菜本身会带有一些酸味，放些白糖和生抽可以中和口感，还能起到提鲜的作用。

辣炒蛏子

制作时间：15分钟　下饭指数：★★★★☆

材料

蛏子500克

韭菜薹150克

干红辣椒、葱、姜、蒜头各适量

调料

郫县豆瓣酱、蚝油各1大勺

料酒1小勺

白糖1/4小勺

盐1/8小勺

植物油适量

做法

❶ 蛏子浸泡洗净，对半刨开，不用切断，仔细清洗里面的泥沙，撕掉连接蛏子肉和外壳薄薄的膜衣。（图1）

❷ 韭菜薹洗净后切小段，干红辣椒洗净切碎，葱切葱花，姜切末、蒜头切碎。（图2）

❸ 锅中加入适量水烧开，倒入料酒，蛏子入锅汆水后捞出沥水。（图3）

❹ 热锅入油烧至七分热，葱、姜、蒜、干红辣椒入锅爆香，调入郫县豆瓣酱。（图4）

❺ 调入蚝油、白糖、盐，翻炒均匀，倒入蛏子，大火爆炒数下。（图5）

❻ 将韭菜薹倒入锅中，翻炒至韭菜薹断生即可出锅。

下饭秘诀

❶ 除了蛏子，其他的海鲜类食材也都可以采用这种方法进行烹炒。但在烹饪前一定要将海鲜清洗干净，这是做海鲜类菜肴最重要的一点。

❷ 韭菜薹不宜炒太久，否则容易造成营养流失，一般看到韭菜薹变色就可以出锅了。

❶

❷

❸

❹

❺

在海鲜排档经常能吃到这道菜，
在家自己做，配上一点小酒，
感觉真不错。

江南的藕特别鲜嫩，
不管是拿来烧汤、炒菜还是凉拌，
吃着都很香脆鲜美。

香辣藕片

制作时间：5分钟　下饭指数：★★★★☆

材料

藕300克

葱、姜、蒜头、小红尖椒、花椒各适量

调料

生抽、辣椒油各1大勺

白糖、盐各1/4小勺

植物油适量

做法

❶ 葱切葱花，姜切丝，蒜头切片，小红尖椒切碎，藕洗净去皮切成薄片，放入水中浸泡10分钟。（图1）

❷ 锅中加入适量水烧开，藕片入锅焯水后捞出。（图2）

❸ 另起锅入油烧至七成热，姜丝、蒜片、花椒和小红尖椒入锅爆香。（图3）

❹ 倒入藕片，翻炒数下，调入生抽、白糖、辣椒油，再翻炒均匀。（图4）

❺ 根据个人口味调入适量盐。（图5）

❻ 充分翻炒均匀，出锅撒上葱花即可。

下饭秘诀

❶ 提前焯水可去掉藕片中的一些淀粉，否则炒出来的藕片会发黑，失去诱人的雪白色泽。

❷ 炒藕片时放少许姜丝可以去除藕片自带的泥腥味。

❸ 花椒和辣椒的量根据个人的喜好控制，但是不宜太少，不然香辣味不够浓厚。

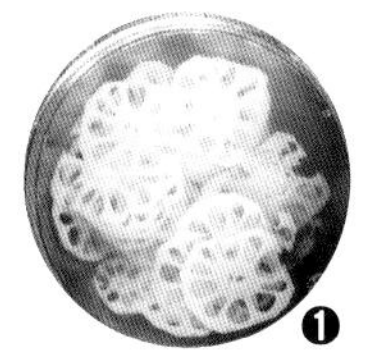
❶

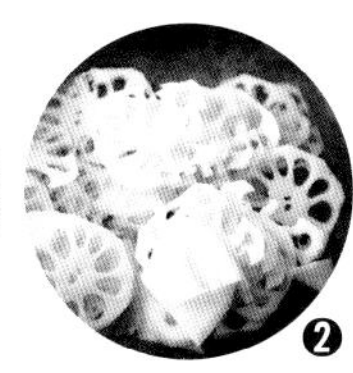
❷

❸

❹

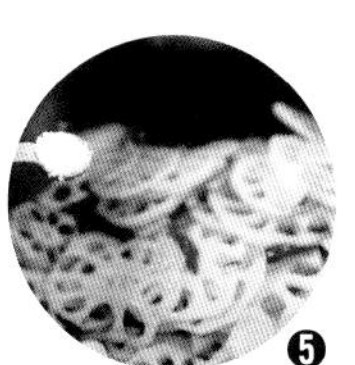
❺

虎皮青椒肉

制作时间：30分钟　下饭指数：★★★★★

材料

肉末200克

青椒4~6个

调料

生抽2小勺

料酒1小勺

白糖、盐各1/2小勺

植物油适量

❶ 肉末加1小勺生抽、1小勺料酒、1/4小勺白糖、1/4小勺盐，拌匀成肉馅。（图1）

❷ 青椒洗净，去掉辣椒蒂和辣椒芯，用筷子把肉馅塞进青椒里。（图2）

❸ 锅里放入适量油，把塞好肉馅的青椒平放入锅，中小火炸至青椒表皮全部起皱。（图3）

❹ 将炸好的青椒捞出沥油，然后放入盘中。（图4）

❺ 锅内倒入适量水，调入1小勺生抽、1/4小勺白糖、1/4小勺盐，调成酱汁，放入青椒焖煮5分钟，待锅内留少量汤汁即可。（图5）

下饭秘诀

❶ 拌肉馅时顺同一方向搅拌可以使肉馅上劲，口感更好。

❷ 处理辣椒时，不喜辣的一定要把辣椒里面的白筋去除，不然会很辣。

❸ 肉馅不要塞得过满，否则下锅炸制时青椒容易破裂。

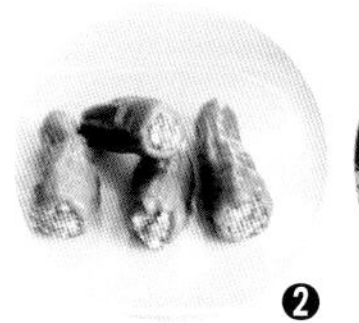

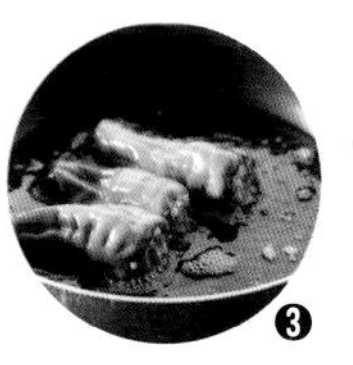

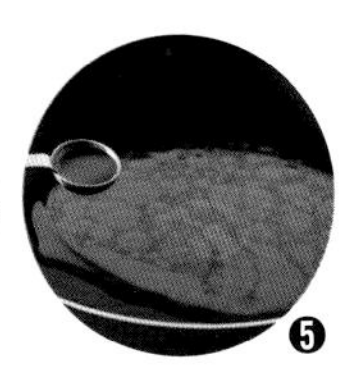

虎皮青椒肉，
是小时候的我记忆非常深的一道菜，
很特别的做法，每当吃这道菜的时候，
总会想起小时候过年的情景。

表面的黏液给制作黄鳝增加了难度，如果你嫌麻烦，可以在买的时候让店家帮你宰杀处理好。

辣椒烧黄鳝

制作时间：15分钟　下饭指数：★★★★★

材料

黄鳝2条

青椒、红椒各1个

葱、姜、蒜头各适量

调料

生抽、老抽、料酒各1小勺

白糖、盐各1/4小勺

植物油适量

做法

❶ 黄鳝洗净去骨切菱形片，青红椒切块，葱、姜切末，蒜头切片。（图1）

❷ 锅中加适量水烧开，放入料酒，黄鳝入锅汆水后捞出沥水。（图2）

❸ 热锅入油烧至七分热，蒜片入锅爆香。（图3）

❹ 倒入黄鳝、葱末、姜末，大火爆炒数下。（图4）

❺ 调入生抽、老抽、白糖，加入适量水，翻炒均匀后焖1~2分钟。（图5）

❻ 根据个人口味调入盐，快速翻炒均匀后即可出锅。

下饭秘诀

❶ 黄鳝不易宰杀，如果不会处理黄鳝，可以在购买时请摊主帮忙处理干净，并将骨头去掉，方便回家操作。

❷ 切黄鳝时会发现上面有很多黏液，可以提前汆一下水把黏液烫掉，并可去除大部分腥味。

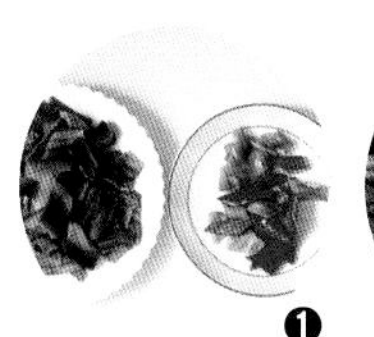
❶

❷

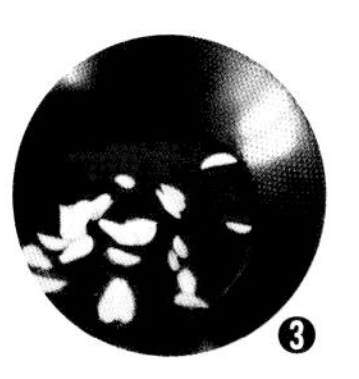
❸

❹

❺

麻婆豆腐

制作时间：15分钟　下饭指数：★★★★★

材料

豆腐1块

猪肉100克

花椒、葱、蒜头各适量

调料

郫县豆瓣酱、水淀粉各1大勺

生抽1小勺

白糖1/2小勺

盐、植物油各适量

下饭秘诀

❶ 豆腐焯水时加盐，可以去除豆腥味，并且让豆腐更紧实。

❷ 在焖煮豆腐的时候尽量少用锅铲翻动，防止豆腐破碎，轻轻晃动锅即可。

做法

❶ 豆腐切成大小合适的块，猪肉切末，葱切葱花，蒜头切蒜泥。（图1）

❷ 锅中加适量水烧开，加入少许盐，倒入豆腐块焯水后捞出沥水。（图2）

❸ 热锅入油烧七分热，花椒入锅爆香后捞出，倒入肉末煸炒至出油。（图3）

❹ 倒入郫县豆瓣酱、蒜泥，调入生抽、白糖、盐，加适量水搅拌均匀。（图4）

❺ 倒入豆腐块轻轻翻搅均匀，盖上锅盖焖煮5分钟。（图5）

❻ 倒入水淀粉勾芡，待锅内汤汁收至浓稠，撒上葱花即可。

❶

❷

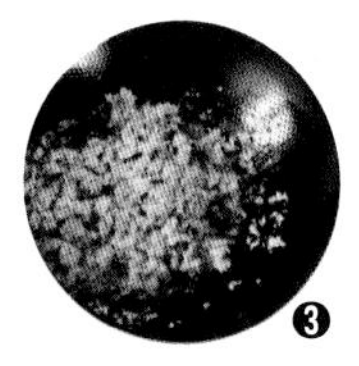
❸

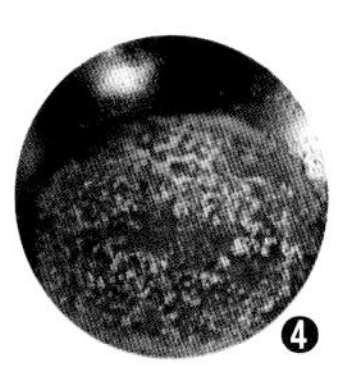
❹

❺

小时候不解为什么肉末豆腐要叫麻婆豆腐，
后来才知道这个名称的由来，
有时候会觉得背后的故事，
比美食还能吸引人。

口感很特别，有嚼劲，
看上去就像鸡肉一样，
没尝过还以为是青椒炒鸡肉呢。

青椒炒面筋

制作时间：8分钟 下饭指数：★★★★☆

材料	调料
面筋300克	生抽1小勺
青椒2个	白糖、盐各1/4小勺
蒜头2瓣	植物油适量

做法

① 面筋手撕成小条，青椒切细丝，蒜头切末。（图1）

② 锅中加入适量水烧开，面筋、青椒丝入锅焯水后捞出沥水。（图2）

③ 热锅入油烧至七成热，蒜末入锅爆香，然后倒入面筋、青椒丝。（图3）

④ 翻炒均匀后调入生抽、白糖、盐。（图4）

⑤ 转中小火再翻炒，2分钟后关火即可出锅。（图5）

下饭秘诀

① 手撕的面筋比刀切的更容易入味，处理面筋时，顺着纹理撕成大小均匀的小条即可。

② 放入面筋后，用大火容易粘锅，要改为中小火，如果粘锅厉害可以补少量油烹炒。

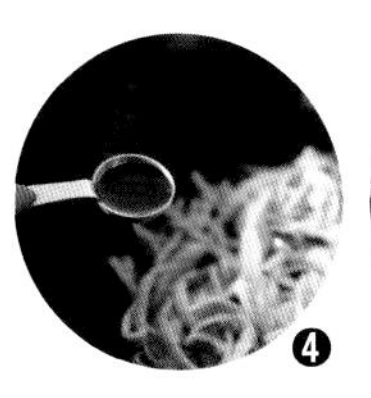
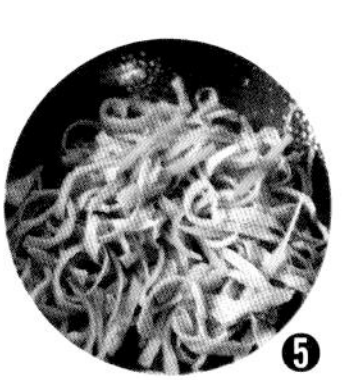

香辣鸡丁藕

制作时间：15分钟　下饭指数：★★★★☆

材料

鸡胸肉250克

藕1小节

青椒、红椒各1个

葱、姜各适量

调料

生抽1大勺

料酒、干淀粉各1小勺

白糖、盐各1/4小勺

植物油适量

❶ 藕洗净去皮，切小丁，倒入淡盐水中浸泡备用，青椒、红椒均洗净切丝，葱切葱花，姜切末。（图1）

❷ 鸡胸肉切丁，加入料酒、干淀粉、少量盐，搅匀上浆。（图2）

❸ 锅中加入适量水烧开，藕丁入锅焯水后捞出。（图3）

❹ 重新烧水，将鸡丁汆水后捞出。（图4）

❺ 热锅入油烧至七成热，葱、姜入锅爆香，倒入鸡丁、藕丁、青红椒丝，翻炒数下。（图5）

❻ 调入生抽、白糖，炒匀上色，根据个人口味调入盐，翻炒均匀即可出锅。

下饭秘诀

❶ 藕因富含铁质和单宁，切开或去皮后很容易氧化变黑。要防止氧化，可把切好的藕放在淡盐水中浸泡10分钟。然后用水清洗，再把藕放到滴入几滴白醋的水中浸泡，即可保持原有的色泽。

❷ 如果藕一次没用完，可覆上保鲜膜，特别是将切口的部分包覆好，放入冰箱冷藏保存，大约能保鲜一个星期。

❶

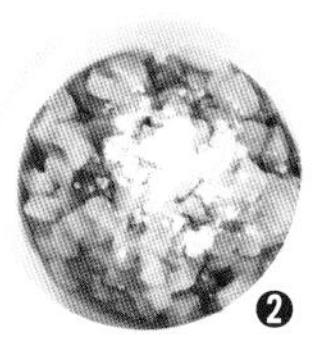
❷

❸

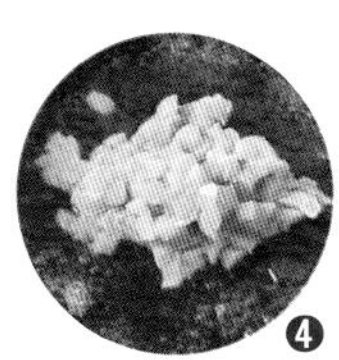
❹

❺

炒出的鸡丁和藕丁很相似，
每次小瑶都会夹一块问我：
“爸爸你猜这是鸡丁还是藕丁？”

炸过的小鱼干，
辣辣脆脆的口感让人欲罢不能，
一口接着一口。

香辣小鱼干

制作时间：15分钟　下饭指数：★★★★☆

材料	调料
小鱼干30克	生抽、料酒各1小勺
花生米100克	白糖1/4小勺
小红尖椒、蒜头各适量	盐、植物油各适量

做法

❶ 小红尖椒切碎，蒜头切末，小鱼干放入清水里浸泡1小时，稍软后捞出沥水。（图1）

❷ 将适量油和花生米一起放入锅中，小火加热，花生米炸至发出噼啪声时捞出沥油。（图2）

❸ 油锅中倒入小鱼干，中火慢炸2~3分钟，捞出沥油。（图3）

❹ 锅内留底油，小红尖椒、蒜末入锅爆香，倒入小鱼干翻炒数下。（图4）

❺ 调入生抽、料酒、白糖、盐，炒匀。（图5）

❻ 倒入花生米，快速翻炒数下即可出锅。

下饭秘诀

❶ 买来的小鱼干一般偏咸偏硬，建议料理前根据情况稍稍清洗和浸泡。

❷ 炸花生米的火候不可太大，要不停翻拌，否则内外受热不均，容易外焦内生。

❸ 当发现花生米接近想要的颜色时就可以出锅了，千万不要炸得太久，因为花生米出锅后余热还在，颜色会自行进一步变深。

❶

❷

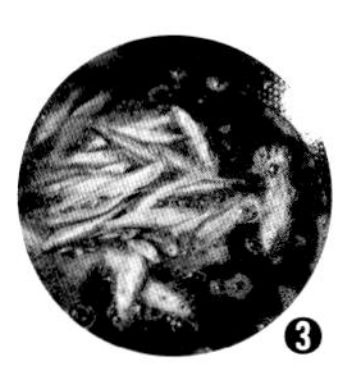
❸

❹

❺

Part 3

肉：没有它，
简直吃不下饭

学做有难度的**肉菜**，
可以从**红烧肉**开始。
如果能把红烧肉做好了，
所有的肉菜对你来说就没有困难了。

在我的餐桌上，最常吃的肉类有猪肉、牛肉和鸡肉这三种，中国大多数老百姓的餐桌也大抵如此。

单就猪肉来说，做法实在太多了。不同部位的猪肉有不同的做法，同一部位的猪肉也有各种不同的做法。五花肉就可以做出上百道菜，肉丝类也可以做出上百道菜。

如果想学肉类炒菜，可以从最简单的肉丝类开始。青椒、蒜薹、韭黄、扁豆、芦笋……可以和肉丝搭配的材料太多了，炒出的菜简单方便又下饭。

学做有难度的肉菜，可以从红烧肉开始。做红烧肉的关键在于炒糖色，糖色炒得好不好，直接决定了做出的红烧肉的色泽。一般来说，要用小火将冰糖在油锅中融化，慢慢炒至油起泡沫、变为黄色就好了。

如果能把红烧肉做好了，所有的肉菜对你来说就没有困难了。比如，鹌鹑蛋烧肉，同样的做法，最后配上鹌鹑蛋就好了；素鸡烧肉，同样的做法，最后配上素鸡就好了；梅干菜烧肉，同样的做法，最后配上梅干菜就好了。配料吸收了肉的香味，其滋味比肉更美。

同猪肉一样，牛肉、鸡肉的做法也很多。

从现代营养学的角度来说，肉类中应多吃牛肉，既不会增加脂肪，又能增强身体肌肉。这对喜欢瘦的女孩子来说特别适合。

牛肉的做法对一般人来说有些困难，比如常有人在困惑，为什么自己做的牛肉不嫩？牛肉要做得好，需要借助一些工具。如果想吃嫩点的牛肉，可以用高压锅，配上胡萝卜、番茄，做一锅嫩嫩的茄汁牛腩，大人小孩都爱吃。

如果想做简单一点的，可以把牛肉切成片，比如牛肉切片腌渍汆烫后，就可做水煮牛肉。如果切丝，可以做出尖椒牛里脊、香干牛里脊等。

鸡肉的做法就比较简单了。老母鸡肉可以红烧，尤其是在夏季的时候，配上毛豆，特别美味。小孩子在长身体的时候，可以做一些清蒸小公鸡给他吃。还可以熬一锅鸡汤，配上木耳，全家都爱喝。

不要觉得肉类菜不好做，其实做肉类菜最简单了。

其实做肉类菜**最简单**了。

红烧肉

制作时间：60分钟　下饭指数：★★★★★

材料

五花肉500克

葱、姜、八角各适量

调料

冰糖20克

生抽1大勺

老抽、料酒各1小勺

白糖、盐各1/4小勺

植物油适量

❶ 五花肉切麻将大小的块，葱、姜均切碎。（图1）

❷ 锅中加入适量水烧开，倒入料酒，五花肉入锅氽水后捞出沥水。（图2）

❸ 锅内入油加热，倒入冰糖炒糖色。待油起泡沫、颜色变黄时，糖色就炒好了。（图3）

❹ 将肉块倒入锅内，快速翻炒让肉块裹满糖色。（图4）

❺ 调入白糖、老抽、生抽，倒入开水至没过肉块，放入葱、姜、八角，根据个人口味调入盐。（图5）

❻ 中小火焖煮40分钟，转大火将汤汁全部收干即可。

下饭秘诀

❶ 肉块氽水后一定要沥干再入锅，不然有水滴入锅会引起油花四溅。

❷ 冰糖炒过色后，就少了甜味，所以调味时最好再添加少许白糖。

❸ 焖煮肉的水一般是一次加到位，中间不要再添加为好。待焖煮半个小时以后，每隔几分钟要观察一下收汁情况，防止煳底。

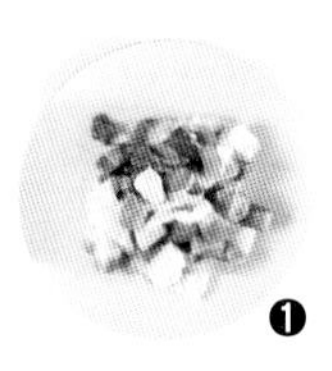
❶

❶

❸

❹

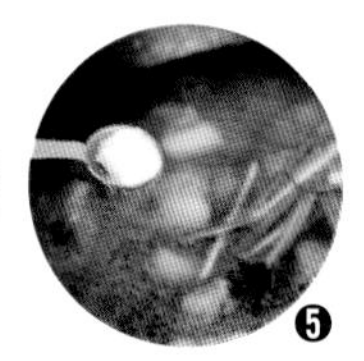
❺

一提起红烧肉，总忍不住流口水，
基本上每周都会在家做一次，
但不能多吃哦。

做回锅肉有很多小窍门，
但有一点最重要，
那就是要把肉片切得薄薄的，
才能炒出卷卷的效果。

回锅肉

制作时间：20分钟　下饭指数：★★★★★

材料	调料
五花肉200克	豆瓣酱1大勺
青椒、红椒各1个	料酒1小勺
洋葱半个	白糖、盐各1/4小勺
葱、姜、小红尖椒各适量	植物油适量

做法

❶ 冷水锅下入肉块，加入料酒，大火烧开，煮6分钟左右后捞出沥水。（图1）

❷ 青椒、红椒均洗净切块，洋葱切丝，葱、姜均切末，小红尖椒切段，肉块稍稍放凉后切成薄肉片。（图2）

❸ 热锅入油烧至七成热，葱、姜入锅爆香，倒入肉片煸炒。（图3）

❹ 待肉片出油有点卷的时候，放入小红尖椒，调入郫县豆瓣酱炒匀。（图4）

❺ 倒入青红椒块、洋葱丝。（图5）

❻ 调入生抽、白糖、盐，充分翻炒均匀后即可出锅。

下饭秘诀

❶ 煮肉的时候一定要冷水下锅，除了料酒，也可以加入姜片、葱段去除肉腥味。

❷ 肉块煮好后，如果趁热切会烫手，待肉凉了再切又易切断，可以把肉放在冷水里浸2分钟再切。

❸ 肉片一定要切得薄薄的，才能炒出打卷的效果。

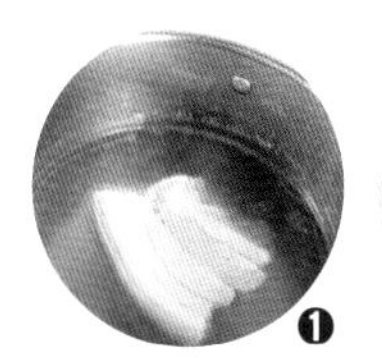
❶

❷

❸

❹

❺

农家小炒肉

制作时间：20分钟　下饭指数：★★★★★

材料

- 五花肉250克
- 洋葱1个
- 青椒、红椒各1个
- 姜适量

调料

- 郫县豆瓣酱1大勺
- 生抽、料酒、辣椒红油各1小勺
- 白糖1/4小勺
- 盐1/8小勺
- 植物油适量

❶ 姜切片，五花肉入沸水锅，加入料酒、姜片，煮至筷子插入五花肉无血水流出后捞出。（图1）

❷ 洋葱、青椒、红椒洗净分别切丝，五花肉切薄片。（图2）

❸ 热锅入少量油烧至七成热，倒入肉片煸炒出油。（图3）

❹ 调入郫县豆瓣酱、生抽、白糖、辣椒红油，翻炒均匀。（图4）

❺ 倒入洋葱、青红椒丝，翻炒至断生。（图5）

❻ 根据个人口味调入盐量，充分翻炒均匀后关火即可出锅。

下饭秘诀

❶ 五花肉煮一下可以更好地切出薄片，如果嫌麻烦也可以把五花肉提前20分钟放入冰箱，速冻一下，冻硬了再切，也可以很容易地切出薄片。

❷ 喜欢辣味重的，辣椒宜选形状较瘦、较辣的青椒，亦可依据个人喜好，加入干辣椒、指天椒或剁椒等。

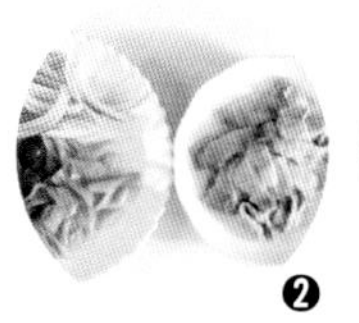

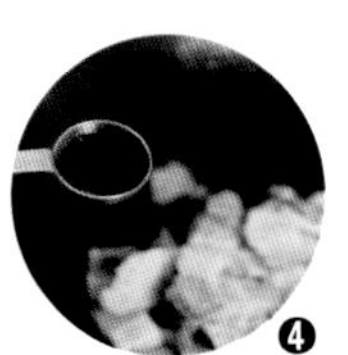

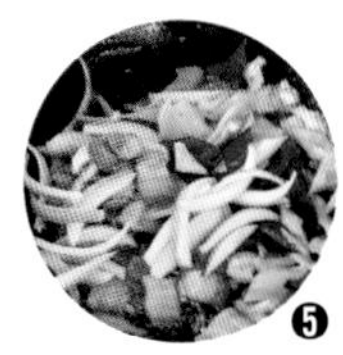

这是一道很经典的湘菜，
看上去你以为是简单的青椒炒肉片，
可是要做好还真不容易呢。

甜面酱是非常百搭的调味料，
用来做京酱肉丝是再适合不过的了，
不过可不要将面酱炒煳哦。

京酱肉丝

制作时间：15分钟　下饭指数：★★★★★

材料	调料
猪里脊250克	甜面酱2大勺
黄瓜1根	料酒1大勺
大葱白1根	生抽1小勺
姜适量	白糖1/4小勺
	干淀粉、盐、植物油各适量

做法

❶ 黄瓜、大葱白、姜分别切丝，里脊肉切成细丝，加入料酒、生抽、干淀粉、盐、姜丝抓匀上浆。（图1）

❷ 热锅入油烧热，倒入肉丝，快速划散。（图2）

❸ 将里脊肉煸炒至肉色发白，将肉丝盛出备用。（图3）

❹ 锅中留少许底油，放入甜面酱，小火炒散，调入白糖和少量水，炒匀成酱汁。（图4）

❺ 倒入炒好的肉丝，转大火翻炒。（图5）

❻ 翻炒均匀后盛出，码放在葱丝上面，再搭配黄瓜丝一起食用。

下饭秘诀

❶ 肉丝不能切太细，否则容易被炒老，可以提前将里脊肉放入冰箱冻1小时，就能切出好看的肉丝了。

❷ 炒甜面酱的时候要保持小火，甜面酱的淀粉很多，大火容易炒煳。

❸ 最好是趁热食用，用热油炒过的肉丝和葱丝拌在一起，用肉的余温把葱丝烫熟。

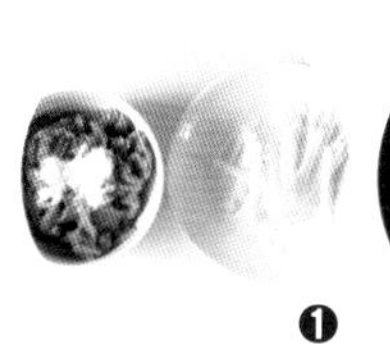
❶

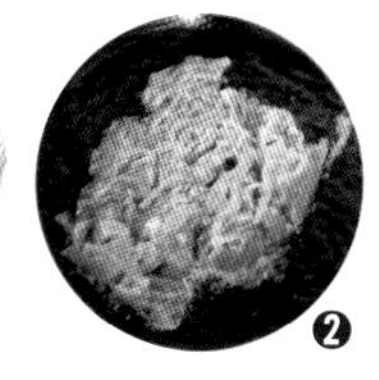
❷

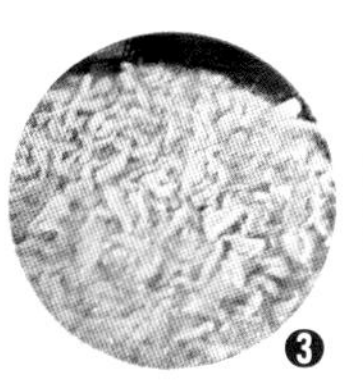
❸

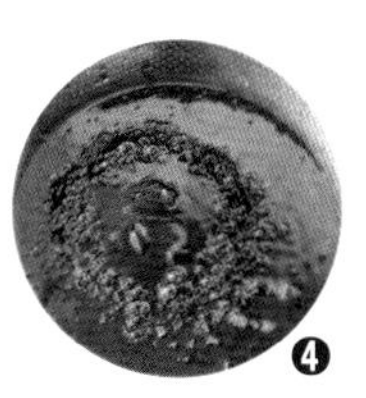
❹

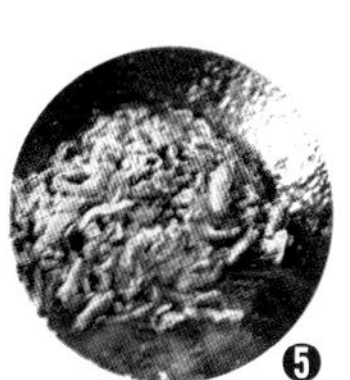
❺

茄丁炒鸡丁

制作时间：15分钟　下饭指数：★★★★☆

材料

鸡胸肉250克

茄子2个

青黄椒、葱、姜各适量

调料

料酒1大勺

生抽、干淀粉各1小勺

白糖、盐各1/4小勺

蛋清半个

植物油适量

❶ 茄子洗净切丁，鸡胸肉切丁，青黄椒切小块，葱、姜均切末。（图1）

❷ 鸡丁加入少许盐、料酒、蛋清、干淀粉搅匀上浆。（图2）

❸ 锅内加入适量油烧热，倒入茄丁，炸至金黄色后捞出沥油。（图3）

❹ 再倒入鸡丁过油炸30秒捞出沥油。（图4）

❺ 锅内留底油，爆香葱、姜，倒入青黄椒块，再将鸡丁倒入锅中，快速翻炒数下。（图5）

❻ 调入生抽、白糖、盐，倒入茄丁，炒匀即可出锅。

下饭秘诀

❶ 茄子是比较容易吸油的食材，经油炸过，口感才最好。如果不提前炸制，和鸡丁一起倒入锅中炒至发软也可以。

❷ 茄子可以先用淡盐水泡过，然后再过油炸。经过这样处理后的茄子再烹炒，就会留有诱人的漂亮光泽。

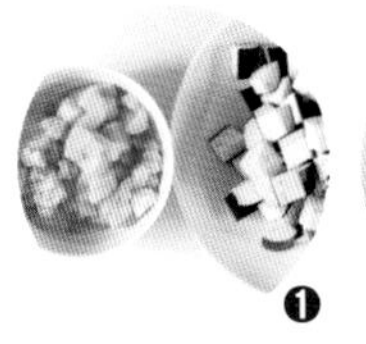
❶

❷

❸

❹

❺

紫皮的茄丁在鸡丁的衬托下，
显得特别有光泽，
让人忍不住想要赶紧吃一块。

这是小时候最爱吃的一道菜，
那时候的鸡都是自家养的，
逢年过节的时候，宰杀一只，
配上一把毛豆，
吃得特别满足。

毛豆烧鸡

制作时间：60分钟　下饭指数：★★★★★

材料	调料
鸡半只	生抽、料酒各1大勺
毛豆150克	老抽、白糖各1小勺
小红尖椒、葱、姜、蒜头各适量	盐1/4小勺
	植物油适量

做法

❶ 鸡洗净后切成大小适中的块，葱切末，姜切片，小红尖椒、蒜头均切碎。（图1）

❷ 锅中加入适量水烧开，倒入料酒，将鸡块汆水后捞出。（图2）

❸ 锅内入油加热，倒入冰糖炒糖色。待油起泡沫、颜色变黄时，糖色就炒好了。（图3）

❹ 倒入鸡块，炒至鸡肉缩紧，裹满糖色，放入小红尖椒、葱、姜、蒜炒香，调入老抽、生抽、白糖。（图4）

❺ 倒入没过鸡块的水，根据个人口味调入盐，大火烧开后转小火焖煮30分钟。（图5）

❻ 倒入洗净的毛豆焖煮10分钟，最后转大火，将汤汁收至喜欢的黏稠程度即可出锅。

下饭秘诀

❶ 鸡块很容易熟，加水的时候不要加太多了，否则煮久了就太软烂了。

❷ 毛豆在入锅前，可以焯水去除豆腥味。

❸ 最后收汁的时候要不时翻炒一下，不要收汁收得太干了。

芦笋炒肉丝

制作时间：10分钟　下饭指数：★★★★☆

材料

芦笋300克

猪瘦肉150克

葱、姜各适量

调料

生抽、料酒各1小勺

白糖、盐各1/4小勺

植物油适量

做法

❶ 芦笋洗净切小段，猪瘦肉切丝，葱切末，姜切片。（图1）

❷ 锅中加入适量水烧开，芦笋段入锅焯水后捞出沥水。（图2）

❸ 热锅入油烧至七成热，葱、姜入锅爆香，再倒入肉丝，快速煸炒至肉色发白。（图3）

❹ 调入生抽、料酒、白糖，炒至肉丝裹上酱色。（图4）

❺ 倒入焯水后的芦笋段，翻炒数下。（图5）

❻ 根据个人口味调入适量的盐，最后充分翻炒均匀，关火即可出锅。

下饭秘诀

❶ 芦笋切好后，提前焯水后沥干水分再炒，可以更多地去掉表面残留的农药。

❷ 芦笋焯水时，水里可放入少量的油，这样炒出来的芦笋颜色会保持碧绿。

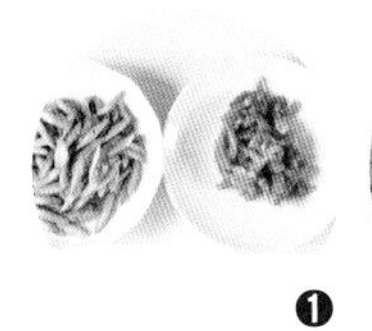

❶

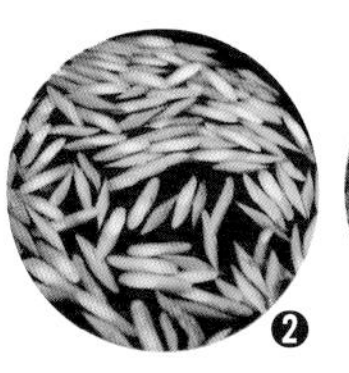

❷

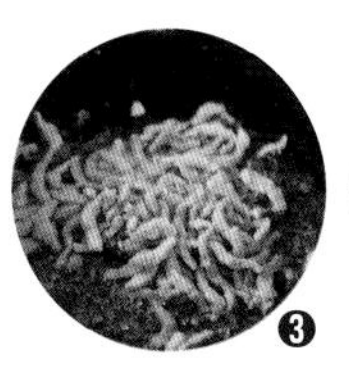

❸

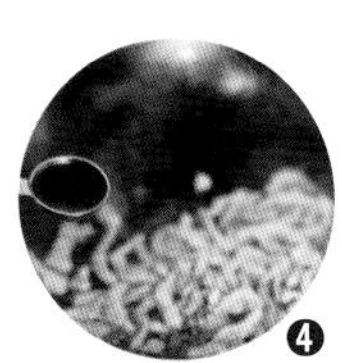

❹

❺

芦笋好吃又有营养，
每次在超市看到的时候，
总会买上一把。

小瑶特别喜欢茭白那种淡淡的清甜味，
所以经常变着花样做给她吃，
看她每次都吃得那么香，
我也十分开心。

茭白炒鸭胗

制作时间：10分钟　下饭指数：★★★☆☆

材料

鸭胗250克

茭白1根

辣豆角100克

调料

生抽、料酒各1大勺

白糖1/4小勺

盐1/8小勺

植物油适量

做法

1. 鸭胗洗净切薄片，茭白去皮切细丝。（图1）
2. 热锅入油烧至七成热，倒入鸭胗片炒至变色。（图2）
3. 调入生抽、料酒、白糖，加入少量水，翻炒后焖3分钟。（图3）
4. 倒入茭白丝，翻炒数下。（图4）
5. 再倒入辣豆角。（图5）
6. 调入少量的盐，炒匀后即可出锅。

下饭秘诀

1. 清理买来的鸭胗时要撕掉黄白色油质和内膜再清洗干净。
2. 鸭胗切的厚薄度直接关系到炒制时间，越薄越容易炒熟。
3. 最后根据放入辣豆角的咸味，适度调入盐。

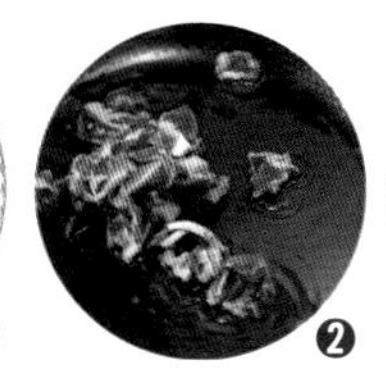

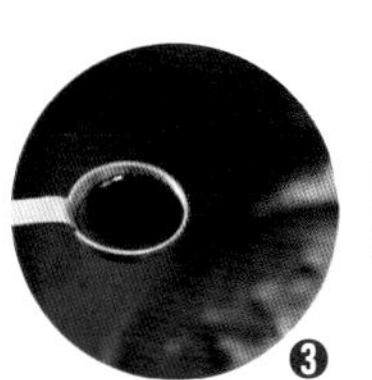

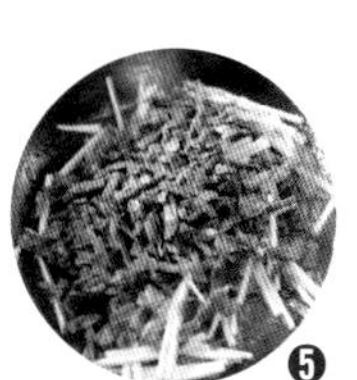

肉末茄子

制作时间：10分钟　下饭指数：★★★★★

材料

猪肉末100克
茄子2个
葱、姜各适量

调料

豆瓣酱1大勺
生抽、料酒各1小勺
白糖、盐各1/4小勺
植物油适量

做法

❶ 茄子洗净，去蒂切条，葱、姜均切末。（图1）

❷ 热锅入油烧至七成热，倒入茄子，炸成金黄色后捞出。（图2）

❸ 锅内留底油，葱、姜入锅爆香，倒入猪肉末煸炒至肉色发白。（图3）

❹ 倒入一大勺豆瓣酱炒散，调入白糖、生抽、料酒，翻炒均匀。（图4）

❺ 倒入炸好的茄子，翻炒1分钟。（图5）

❻ 根据个人口味调入盐，充分翻炒均匀后即可出锅。

下饭秘诀

❶ 茄子去皮，切成手指粗细的条，这样易熟、易入味。

❷ 油炸茄子时间不宜过长，茄子容易吸油，炸至色泛金黄色即可。

❶

❷
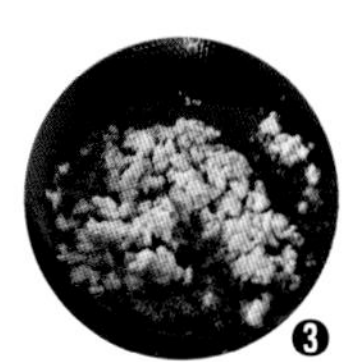
❸
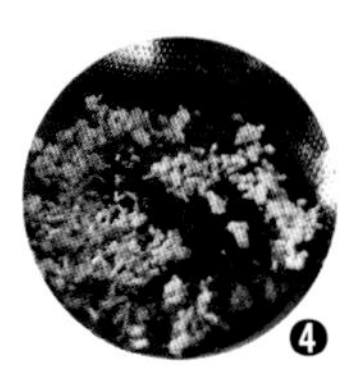
❹

❺

每当胃口不好的时候，
只要来这么一道肉末茄子，
那顿饭总会吃得很好，
真得感谢这道菜呢。

富含膳食纤维的芹菜，
和猪肝搭配在一起炒，
好吃又营养。

芹菜炒猪肝

制作时间：8分钟　下饭指数：★★★★☆

材料	调料
芹菜200克	料酒、干淀粉各1大勺
猪肝1副	生抽、老抽各1小勺
红椒1个	白糖、盐各1/4小勺
葱、姜各适量	植物油适量

做法

❶ 芹菜洗净去筋，切小段，焯水后捞出沥水。红椒切细丝，葱、姜均切末。（图1）

❷ 猪肝用流水冲洗后，放入淡盐水浸泡半小时，取出切薄片，加盐、干淀粉、料酒、葱、姜，抓匀后腌制15分钟。（图2）

❸ 锅中加入适量水烧开，倒入腌好的猪肝，一变色立刻捞出沥水。（图3）

❹ 热锅入油烧至七成热，葱、姜入锅爆香，倒入猪肝翻炒数下。（图4）

❺ 调入生抽、老抽、白糖，翻炒均匀，倒入焯过水的芹菜段、红椒丝。（图5）

❻ 根据个人口味调入适量的盐，充分翻炒数下出锅即可。

下饭秘诀

❶ 患有高血压、冠心病、肥胖症及高脂血症的人忌食猪肝，因为猪肝中胆固醇含量较高。

❷ 猪肝要炒得嫩而不老，一定要等水烧开后再将猪肝汆水，时间要短，约煮10秒，一变色就立刻捞出，再稍加烹炒即可出锅。

❶

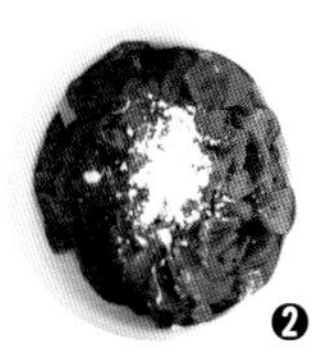
❷

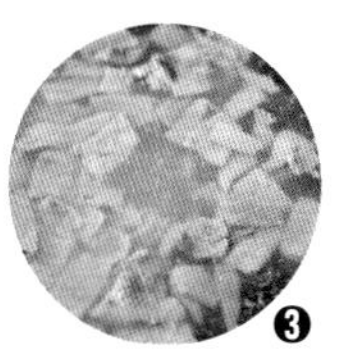
❸

❹

❺

蒜薹炒腊肠

制作时间：10分钟　下饭指数：★★★★☆

材料	调料
腊肠1根	生抽1小勺
蒜薹200克	白糖1/8小勺
红椒1个	盐、植物油各适量

做法

❶ 腊肠切片，蒜薹洗净切成小段，红椒切丝。（图1）

❷ 锅中加入适量水烧开，腊肠、蒜薹、红椒丝入锅焯水后捞出。（图2）

❸ 热锅入油烧至七成热，倒入腊肠、蒜薹、红椒丝，翻炒至腊肠变色出油。（图3）

❹ 调入生抽、白糖、盐，加入少量水。（图4）

❺ 快速翻炒均匀，盖上锅盖焖2分钟，关火即可。（图5）

下饭秘诀

❶ 腊肠切成薄片，大火煸炒出油、出香，搭配各种食材，大火快炒，咸香可口。

❷ 腊肠本身带有咸味，入锅过开水可以去除部分咸味，入菜调味时最好根据腊肠的咸味调整盐的用量。

❶

❷

❸

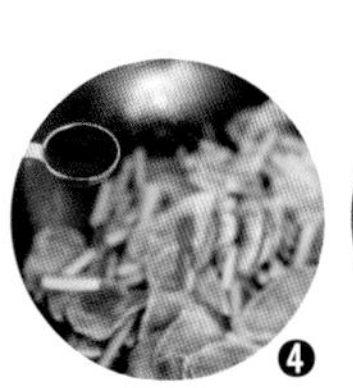
❹

❺

自家的腊肠总是快到过年的时候做，
风干之后可以保存好久，
想吃的时候拿出一根，
和蔬菜一起炒，真是好滋味。

秋葵是近些年来很受人们追捧的一种蔬菜，
无论是煎、炒，还是凉拌，
口感都很好。

培根秋葵

制作时间：8分钟　下饭指数：★★★☆☆

材料

秋葵12根

长培根4张

调料

盐、黑胡椒粉、植物油各适量

做法

❶ 秋葵洗净入开水锅，调入少许盐，焯水后捞出。（图1）

❷ 每张长培根切成三段，每小段卷住一根秋葵用牙签固定。（图2）

❸ 平底锅入少量油烧至七成热，放入培根秋葵卷。（图3）

❹ 将一面煎至上色，再翻面同样煎至上色，撒上黑胡椒粉即可。（图4）

下饭秘诀

❶ 焯过水的秋葵会产生大量黏液，这就是秋葵的精华营养液，无须洗去黏液。

❷ 培根容易熟，所以不要煎太久了，煎老了水分尽失、口感发干就不好吃了。

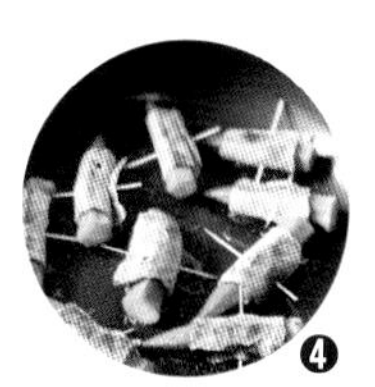

扁豆肉丝

制作时间：10分钟　下饭指数：★★★☆☆

材料

扁豆300克
猪瘦肉150克
小红尖椒2个
葱、姜各适量

调料

生抽1小勺
老抽、白糖、盐各1/4小勺
植物油适量

❶ 扁豆洗净切细丝，猪瘦肉切丝，小红尖椒切碎，葱、姜均切末。（图1）

❷ 热锅入油烧热，小红尖椒、葱、姜入锅爆香，倒入肉丝煸炒至肉色发白。（图2）

❸ 调入生抽、老抽、白糖，翻炒均匀。（图3）

❹ 倒入扁豆丝，加入少量水，翻炒数下后焖3分钟。（图4）

❺ 根据个人口味调入盐。（图5）

❻ 充分翻炒均匀后关火即可。

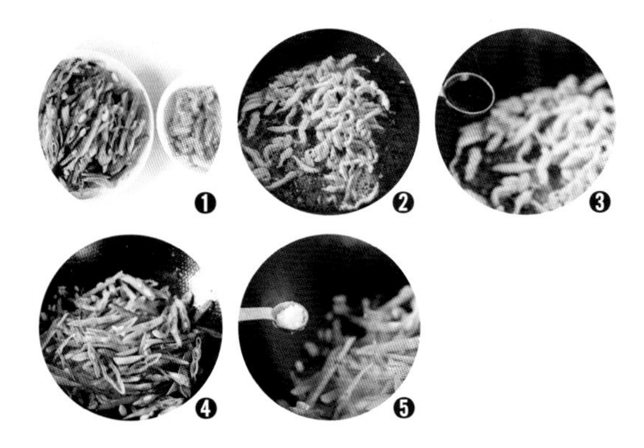

下饭秘诀

❶ 扁豆中有一种凝血物质及溶血性皂素，如生食或未炒熟食用，部分人会在食后3～4小时出现头痛、头昏、恶心、呕吐等中毒反应。如果担心扁豆不能快速炒熟，可以提前将扁豆焯水。

❷ 凡荚皮光亮、肉厚不显子的扁豆为好，炒食时肉嫩肥厚、清香味美；若荚皮薄、子粒显、光泽暗，则已老熟。

小时候并不是特别喜欢吃扁豆，
长大以后，特别是自己开始下厨后，
觉得扁豆还是挺好吃的。

烧熟的莲子吃起来很软糯，
而莲子心比较苦，
可以将莲子心去掉再制作。

莲子鸡丁

制作时间：20分钟　下饭指数：★★★★☆

材料	调料
鸡胸肉250克	料酒1大勺
莲子30克	生抽、干淀粉各1小勺
胡萝卜半根	白糖、盐各1/4小勺
葱、姜各适量	蛋清半个
	植物油适量

做法

❶ 胡萝卜洗净，去皮切丁，葱、姜均切丝。（图1）

❷ 锅中加入适量水烧开，倒入莲子煮熟，去掉莲子心。（图2）

❸ 鸡胸肉切丁，加入少许盐、料酒、蛋清、干淀粉搅匀上浆。（图3）

❹ 热锅入油烧至七成热，葱、姜丝入锅爆香，然后倒入鸡丁。（图4）

❺ 煸炒鸡丁至肉色发白，倒入胡萝卜丁和莲子，快速翻炒数下。（图5）

❻ 调入生抽、白糖、盐，充分翻炒均匀即可出锅。

下饭秘诀

❶ 莲子可养心、益肾、补脾，但是莲心较苦，在入菜时最好去除莲心。

❷ 在腌制鸡丁时加入蛋清，可以让肉质更嫩。但是蛋清的量不宜太多，否则烹炒出的鸡丁看上去不够清爽。

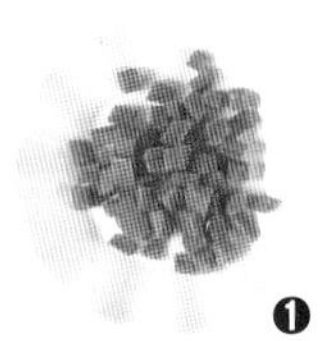

❶

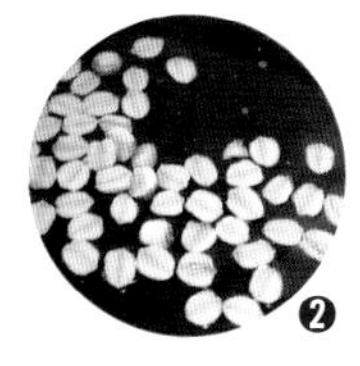

❷

❸

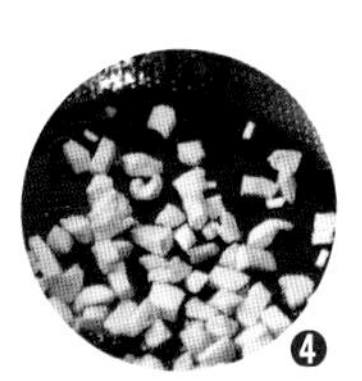

❹

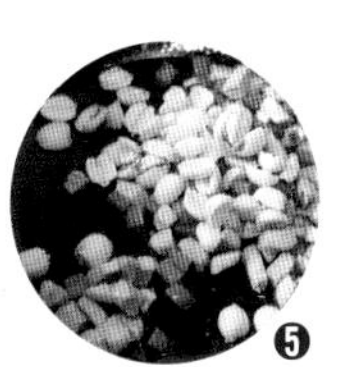

❺

猪油花菜

制作时间：15分钟　下饭指数：★★★★☆

材料

花菜1棵

猪肥肉300克

调料

料酒、生抽各1大勺

白糖1/4小勺

盐适量

下饭秘诀

❶ 熬猪油的时候，一定要小火，火太大容易将猪油渣炸焦。

❷ 猪油渣放置时间长就会软的，香味也会减少，可以入油再炸一下使之变得酥脆。

❸ 猪油渣含有大量的动物脂肪，虽然味道香郁，但是不宜常吃多吃。炼出的猪油可以炒菜、做酥皮点心，也可以涂在铁锅上防锈。

做法

❶ 花菜洗净掰成小朵，放入淡盐水中浸泡半小时，猪肥肉切丁。（图1）

❷ 锅中加入适量水烧开，花菜入锅焯水后捞出过凉水。（图2）

❸ 锅烧热，倒入肥肉丁，转小火将肥肉中的油尽量多地熬出。（图3）

❹ 把猪油渣熬至金黄色，关火捞出沥油。（图4）

❺ 将熬出的油倒出，锅内留底油，倒入花菜、猪油渣，翻炒数下。（图5）

❻ 调入生抽、白糖、料酒，根据个人口味调入盐，快速煸炒至花菜变干并且入味后关火即可出锅。

❶

❷

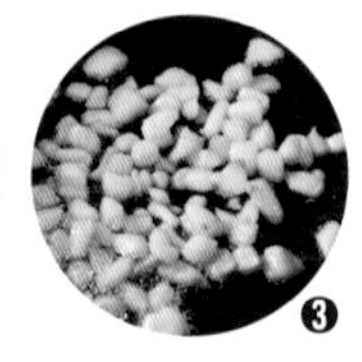

❸

❹

❺

小的时候过年，
家里总会熬一些猪油，
用猪油炒菜做饭特别香，
而我总是喜欢刚出锅的猪油渣，
香香脆脆的，很好吃。

很喜欢榨菜那酸脆的口感，
咬一口，仿佛身体的每个细胞
都能体会得到榨菜的味道。

毛豆榨菜肉丝

制作时间：10分钟　下饭指数：★★★★★

材料	调料
毛豆150克	料酒、生抽各1大勺
猪瘦肉150克	干淀粉1小勺
榨菜丝50克	白糖1/4小勺
姜适量	盐1/8小勺
	植物油适量

做法

❶ 姜切丝，猪瘦肉切丝后加入料酒、干淀粉、姜丝，抓匀后腌制15分钟。（图1）

❷ 锅中加入适量水烧开，毛豆入锅焯水3分钟后捞出沥水。（图2）

❸ 热锅入油烧至七成热，倒入肉丝，煸炒至肉色发白。（图3）

❹ 调入生抽、白糖，翻炒至肉丝上色，倒入焯水后的毛豆。（图4）

❺ 翻炒数下，再将榨菜丝倒入锅中，继续翻炒。（图5）

❻ 根据榨菜丝原有的咸度，调入适量盐，充分翻炒均匀后即可。

下饭秘诀

❶ 猪瘦肉最好选用里脊肉或外脊肉，这样就算不提前腌制，烹炒后也会非常嫩滑。

❷ 榨菜丝在入锅前，最好用水清洗一下，可以去除多余的盐分，以免烹炒后吸收了别的调料，使得菜味过咸。

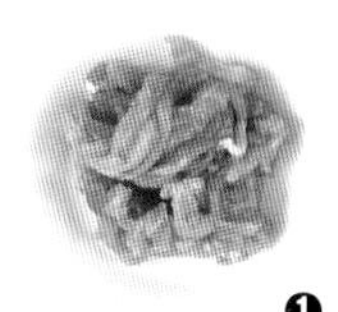
❶

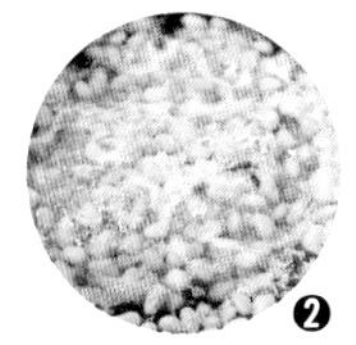
❷

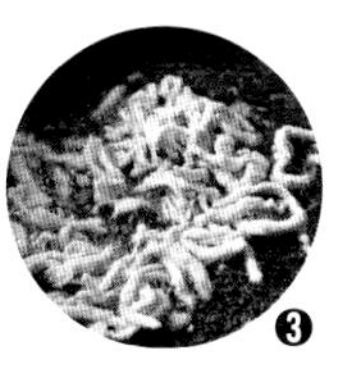
❸

❹

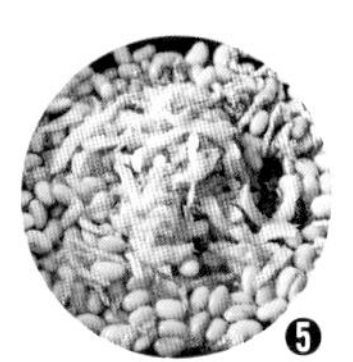
❺

茭白炒猪腰

制作时间：15分钟　下饭指数：★★★★☆

材料	调料
猪腰2个	料酒、干淀粉各1大勺
茭白1根	生抽、老抽各1小勺
橄榄菜1大勺	白糖、盐各1/4小勺
葱、姜各适量	植物油适量

❶ 茭白洗净去外皮和老根，切片，入开水锅焯水后捞出沥水。（图1）

❷ 猪腰对半剖开，去除中间的白色部分，用刀划切成腰花。（图2）

❸ 切好的腰花放入容器，加入葱、姜、料酒、盐、干淀粉，拌匀后腌制20分钟。（图3）

❹ 锅中加入适量水烧开，倒入腌好的腰花，一变色立刻捞出沥干。（图4）

❺ 热锅入油烧至七成热，葱、姜入锅爆香，倒入腰花翻炒数下，调入生抽、老抽、白糖，翻炒均匀。（图5）

❻ 倒入焯水后的茭白，根据个人口味调入适量的盐，翻炒数下，倒入一大勺橄榄菜，充分翻炒均匀即可出锅。

下饭秘诀

❶ 猪腰一定要去除里面的白臊，如果除不干净，会有难闻的味道。可利用剪刀一点点地把白色的筋全部剪除。

❷ 猪腰难免有些异味，因此做菜用料要重一些，以增加香味，减除腥味。

❸ 腰花要炒得嫩而不老，秘诀在于不要切得太薄，而且一定要等水滚开后，再将腰花氽水，时间要短，约煮15秒立刻捞出。

❹ 加入橄榄菜可以丰富口感，没有可不放。如果喜欢香辣口味，可以加入辣椒烹炒。

很多人不喜欢吃猪腰，
是因为猪腰有一种怪味，
其实只要把猪腰里的白臊去除干净，
再搭配合适的调味料，炒出的猪腰也很好吃。

五分钟就能炒好，
对于白天忙碌的上班族来说，
这是一道很适合他们的下饭菜。

娃娃菜炒肉丝

制作时间：5分钟　下饭指数：★★★★☆

材料

娃娃菜1棵

猪瘦肉150克

红椒1个

葱、姜各适量

调料

生抽、料酒各1小勺

白糖1/4小勺

盐1/8小勺

植物油适量

做法

❶ 娃娃菜、红椒均洗净切丝，猪瘦肉切丝，葱切葱花，姜切末。（图1）

❷ 锅中加入适量水烧开，娃娃菜入锅焯水后捞出。（图2）

❸ 热锅入油烧热，葱、姜入锅爆香，倒入肉丝。（图3）

❹ 煸炒至肉丝发白，调入生抽、料酒、白糖，炒匀上色。（图4）

❺ 倒入娃娃菜、红椒丝，翻炒数下，根据个人口味调入盐。（图5）

❻ 快速炒匀后撒上葱花即可出锅。

下饭秘诀

❶ 娃娃菜鲜嫩甘美，膳食纤维含量高于大白菜和小白菜，可以促进胃肠蠕动，对人体有益的叶酸含量也较高。

❷ 娃娃菜焯水后不要用冷水冲凉，然后尽量地沥干水分，以免下锅后大量出水。

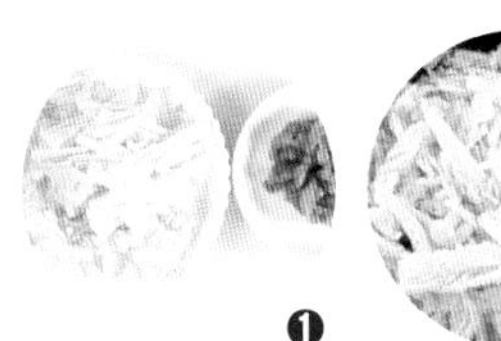
❶

❷

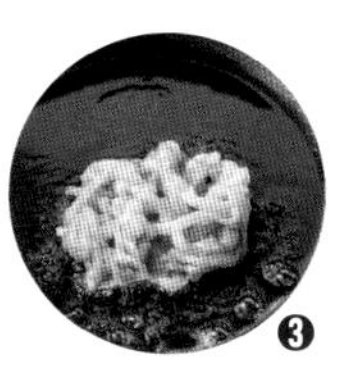
❸

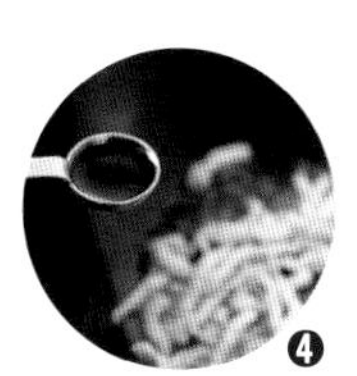
❹

❺

荷兰豆火腿炒藕片

制作时间：8分钟　下饭指数：★★★☆☆

材料

- 荷兰豆200克
- 火腿100克
- 藕1节

调料

- 盐1/4小勺
- 植物油适量

❶ 荷兰豆去筋去两端，藕去皮切片，火腿切小块。（图1）

❷ 锅中加入适量水烧开，加入少许盐和油，荷兰豆、藕片入锅焯水后捞出过凉。（图2）

❸ 另起锅入油烧至七成热，倒入火腿炒香。（图3）

❹ 倒入荷兰豆、藕片，炒散。（图4）

❺ 根据个人口味调入盐，充分翻炒均匀即可。（图5）

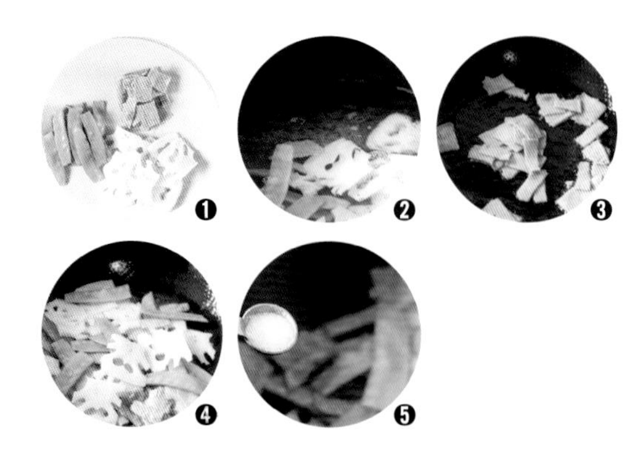

下饭秘诀

❶ 荷兰豆去两端尖角后，更易入味。焯水时加入少量盐和油，可以使荷兰豆保持翠绿。

❷ 荷兰豆、火腿和藕易熟，宜入锅快速烹炒，炒得过久就会失去爽脆的口感。

❸ 此菜味道以咸鲜清淡为佳，而藕片很容易就会炒咸，需要注意控制盐的用量。

荷兰豆首先吸引你的是它的翠绿，
吃过之后，你会觉得吸引你的
是它的鲜脆的口感。

想偷懒的时候，
买来的熟牛肚就可以派上用场了，
简简单单也能做出美味的芹菜炒肚丝。

芹菜炒肚丝

制作时间：5分钟　下饭指数：★★★☆☆

材料

熟牛肚250克

芹菜200克

小红尖椒2个

调料

盐1/4小勺

植物油适量

做法

❶ 熟牛肚切丝，芹菜洗净切小段，小红尖椒切丝。（图1）

❷ 锅中加入适量水烧开，肚丝、芹菜入锅焯水后捞出。（图2）

❸ 热锅入油烧至七成热，小红尖椒入锅爆香。（图3）

❹ 倒入肚丝、芹菜，翻炒数下。（图4）

❺ 根据个人口味调入盐。（图5）

❻ 充分翻炒均匀后关火即可。

下饭秘诀

❶ 买来的熟牛肚会有一定的咸味，可以先入锅过一下水，去除部分咸味。

❷ 除了牛肚丝之外，也可以用猪肚丝替代。用处理好的熟肉半成品进行烹饪，不但操作简单，而且快捷省事。

❶

❷

❸

❹

❺

Part 4

蔬菜：下饭的新花样、新惊喜

菜市场上各种各样的蔬菜都有，
但我们提倡多吃**时令蔬菜**，
而不是反季节蔬菜。

菜市场上各种各样的蔬菜都有，但我们提倡多吃时令蔬菜，而不是反季节蔬菜。

时令蔬菜可以变着花样地做着吃。有些口感好的时令蔬菜，还可以生吃或者凉拌后吃，但前提是蔬菜一定要新鲜、绿色、无污染。

蔬菜在烹炒前一般需要做一定的处理，除了洗、切之外，我们最常用的处理方法还有用水浸泡和焯水。

有些蔬菜去皮或切开后，暴露在空气中，很快就会氧化变黑，影响色泽，比如土豆、藕、山药等。所以，这些去皮或切开易氧化的蔬菜，如果不是立即下锅，最好放在清水中浸泡，在水里加一点盐或醋，就能防止氧化。烹炒的时候，再捞出来沥水入锅。

很多人不喜欢将蔬菜焯水，比如把西蓝花或花菜洗净切好之后，就直接入锅烹炒了。焯水有两个好处，一是可以保持蔬菜原本的色泽，二是焯过水的蔬菜快速烹炒后，就可以出锅，可以防止蔬菜的营养流失。未经焯水的蔬菜烹炒时间往往较长，高温会让蔬菜的营养成分流失掉。这一点是很多人常常会忽视的。

炒蔬菜的时候，越旺的火炒出的蔬菜越好吃。饭店做的蔬菜大多是旺火快炒的，家庭的火候一般达不到那种程度，因此，我们常常会觉得饭店的土豆丝做得比家里的好吃。

甚至可以这样说，单就一盘炒土豆丝，就可以判断一家饭店的菜做得好不好吃。去饭店或餐馆时点一份炒土豆丝，如果土豆丝炒得好，就能判定这家的其他菜也做得好。

炒蔬菜的时候，要尽量保持蔬菜的原汁原味，少添加调味料。一般来说，炒蔬菜的调味料有盐、白糖、生抽和醋就够了，调味料多了就会掩盖蔬菜原本的味道。

炒蔬菜的时候，最好是两三种蔬菜搭配在一起。比如茭白橄榄菜，就是把茭白和橄榄菜搭配在一起；蚝油花菇菜秧，就是把青菜和花菇搭配在一起。蔬菜的搭配烹炒，既可以避免食材单调，也增加了别样的滋味，好吃又下饭。

炒蔬菜的时候，
要尽量保持蔬菜的**原汁原味**。

腐乳空心菜

制作时间：5分钟　下饭指数：★★★★☆

材料

空心菜400克

腐乳1块

红椒2根

调料

盐、植物油各适量

做法

❶ 空心菜洗净，去掉老根、老叶，切小段，红椒切丝。（图1）

❷ 热锅入油烧至七成热，放入腐乳炒散。（图2）

❸ 倒入空心菜和红椒，翻炒至叶梗发蔫。（图3）

❹ 根据个人口味调入盐。（图4）

❺ 充分翻炒均匀即可出锅。（图5）

下饭秘诀

❶ 腐乳分红、白两种，其咸味各异，一般白腐乳比红腐乳味道稍浓。腐乳用于做小菜、煮肉类或作为蘸汁皆可，入菜之后最好再根据个人口味往菜肴中调入盐。

❷ 也可选用油麦菜、生菜等蔬菜来代替空心菜。

家里的腐乳一般是喝粥的时候才会用上，
而用来炒空心菜，腐乳的浓香会完全
融入空心菜的爽脆之中，
别有一番滋味。

花菜一定要煸成干干的才好吃，
辣椒是必不可少的，
可以根据自己的喜好选择红椒或是辣椒粉。

干锅花菜

制作时间：10分钟　下饭指数：★★★★★

材料

花菜1棵
五花肉150克
红椒、葱、姜各适量

调料

郫县豆瓣酱、
料酒各1大勺
白糖、盐各1/4小勺
植物油适量

做法

❶ 花菜洗净切小朵，放在淡盐水里浸泡半小时，焯水后捞出用冷水冲淋降温，然后沥水。（图1）

❷ 五花肉洗净后切薄片，红椒洗净切碎，葱、姜均切末。（图2）

❸ 热锅入油烧至七成热，红椒、葱、姜入锅爆香，倒入五花肉片煸炒出油。（图3）

❹ 调入郫县豆瓣酱、料酒、白糖，翻炒至五花肉片均匀裹上酱色。（图4）

❺ 倒入焯水后的花菜。（图5）

❻ 快速煸炒，待花菜变干并且入味后关火即可出锅。

下饭秘诀

❶ 花菜用淡盐水浸泡，可以清除里面可能会有的小虫子，并且有杀菌作用。

❷ 花菜焯水时间不要太长，焯水捞出后立即用冷水冲淋降温，会使花菜的口感变得很脆。

❸ 最好选用带肥肉的五花肉，这样在煸炒的过程中，会析出一些肥肉的油分，而吸收了荤油，花菜的味道才会香。煸炒五花肉的火不要开太大，否则很容易炒焦。

清炒扁豆

制作时间：5分钟　下饭指数：★★★☆☆

材料

扁豆350克

小红尖椒、蒜头各适量

调料

盐1/4小勺

植物油适量

做法

❶ 扁豆去筋洗净后切丝，小红尖椒切碎，蒜头剁成蒜泥。（图1）

❷ 锅中加入适量水烧开，扁豆丝入锅焯水后捞出过凉。（图2）

❸ 热锅入油烧至七成热，小红尖椒、蒜泥入锅爆香。（图3）

❹ 倒入扁豆丝，翻炒至扁豆丝变色变熟。（图4）

❺ 根据个人口味调入盐。（图5）

❻ 充分翻炒均匀即可出锅。

下饭秘诀

❶ 扁豆不能生食，烹饪时间宜长不宜短，切丝后焯水，可以大大缩短烹炒时间。

❷ 扁豆丝焯水捞出后立即投入冷水中浸泡一下，可以保持其碧绿的色泽，口感也更脆嫩。

❶

❷

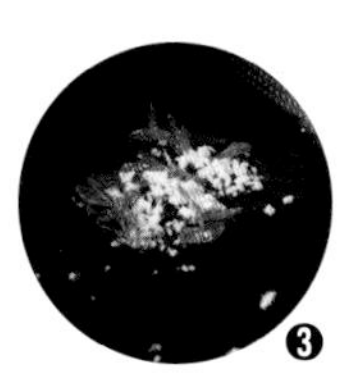
❸

❹

❺

人的口味是会变的，
小时候不喜欢吃像扁豆这样气味比较重的菜，
而现在常常清炒一盘扁豆，
吃得有滋有味。

这道菜很考验刀功，
土豆丝要切得细细的，
炒出来才好看好吃，
偷懒用刨子刨出来的土豆丝，
口感没有切出来的好。

酸辣土豆丝

制作时间：5分钟　下饭指数：★★★★★

材料

土豆2个

小红尖椒、花椒各适量

调料

白醋1小勺

盐1/4小勺

白糖1/8小勺

植物油适量

做法

❶ 土豆洗净去皮，切成细丝冲洗后，放水中浸泡10分钟，再捞出沥干，小红尖椒切碎。（图1）

❷ 热锅入油烧至七成热，小红尖椒、花椒入锅爆香。（图2）

❸ 倒入沥干水分的土豆丝。（图3）

❹ 调入白醋和白糖，翻炒至土豆丝断生、略发软。（图4）

❺ 根据个人口味调入盐。（图5）

❻ 快速翻炒均匀后出锅即可。

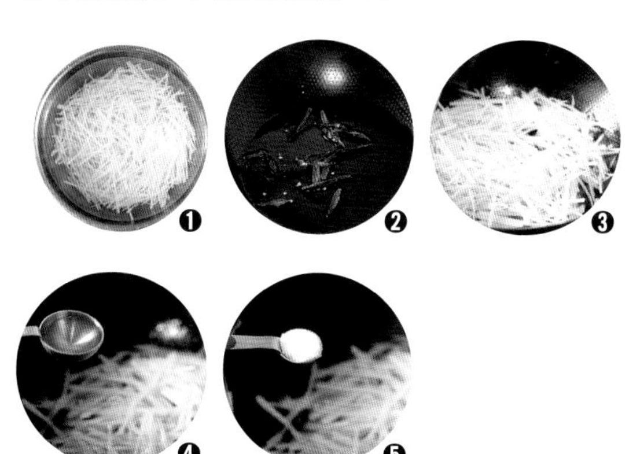

下饭秘诀

❶ 土豆丝切好后，放进清水中浸泡，除了可以避免在空气中氧化变黑之外，还可以保证口感清脆，不易发软。喜欢吃绵软的土豆丝可略去这一步。

❷ 炒时加入花椒才更香，花椒爆香后可以捞出不要，以免吃菜时吃到整粒花椒。

❸ 如果喜欢清脆的口感，土豆丝断生后就可以起锅。喜欢绵软口感的，适当延长炒的时间。

蒜蓉香辣娃娃菜

制作时间：8分钟　下饭指数：★★★★☆

材料

娃娃菜1棵

蒜头2瓣

调料

辣豆瓣酱2大勺

白糖、盐各1小勺

植物油适量

做法

❶ 娃娃菜去根，切成四瓣，冲洗干净，蒜头切碎。（图1）

❷ 锅中加入适量水烧开，放入盐，娃娃菜入锅焯水。（图2）

❸ 将焯好的娃娃菜捞出，尽量地沥干水分，摆盘备用。（图3）

❹ 热锅入少量油烧至七成热，蒜碎入锅爆香。（图4）

❺ 调入辣豆瓣酱、白糖，倒入小半碗水。（图5）

❻ 充分翻炒均匀后，待酱汁收至黏稠，盛出淋在娃娃菜上即可。

下饭秘诀

❶ 娃娃菜焯水后要尽量地沥干水分，以免析出的水分将熬好的酱汁稀释，味道就不够醇厚了。

❷ 家中若备有高汤，可以将熬酱的水替换成高汤，菜肴的味道会更加鲜美。

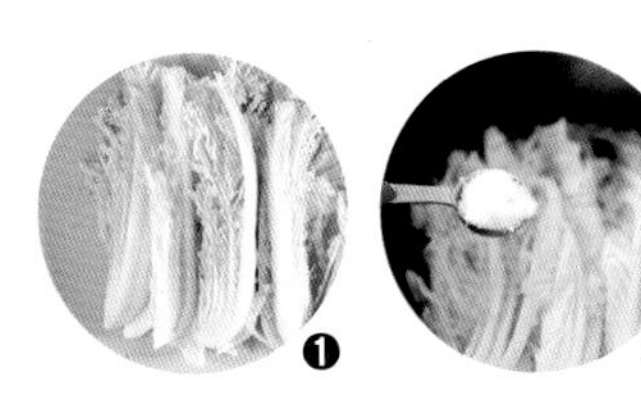

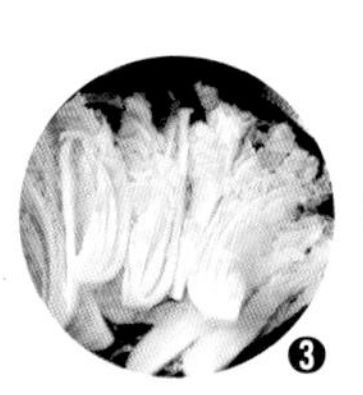

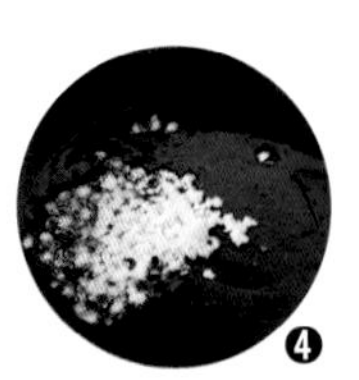

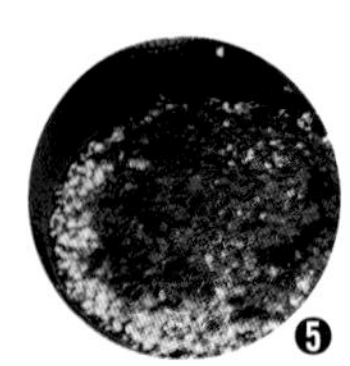

在大叶的蔬菜里，
我最喜欢娃娃菜，
喜欢它甘甜的味道，
平时会变着花样去做娃娃菜。

蚝油可以给菜提鲜，
无论是蔬菜还是肉类，
加入了蚝油，口感马上就不一样了。

蚝油茭白

制作时间：8分钟　下饭指数：★★★★☆

材料	调料
茭白2根	蚝油1大勺
葱、蒜头各适量	豆瓣酱1小勺
	白糖、植物油各适量

❶ 茭白洗净去外皮和老根后切滚刀块，葱切葱花，蒜头切末。（图1）

❷ 锅内加入适量水烧开，倒入茭白块焯水后捞出沥水。（图2）

❸ 热锅入油烧至七成热，葱花、蒜末入锅爆香，调入豆瓣酱炒散。（图3）

❹ 倒入茭白块，翻炒至茭白块略干。（图4）

❺ 调入蚝油、白糖，加入少量水，充分翻炒均匀。（图5）

❻ 焖2分钟至汤汁收干，撒上葱花即可出锅。

下饭秘诀

❶ 提前焯水可以去除茭白的一些生涩味，使口感更柔和。

❷ 如果家中备有高汤，可以用高汤来代替水，使菜的味道更鲜美。

❸ 蚝油和豆瓣酱本身都具有咸味，无须再加盐。

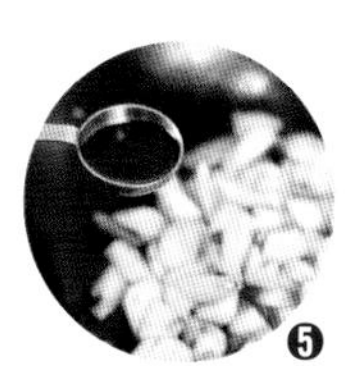

回锅土豆片

制作时间：10分钟　下饭指数：★★★★☆

材料

土豆2个

小干红椒、花椒各适量

调料

生抽1大勺

白糖、盐各1/4小勺

孜然粉、植物油各适量

下饭秘诀

❶ 土豆切片之后，所含淀粉与空气接触会使表面变色，看上去不好看，切片之后可以放到水里浸泡一会。

❷ 土豆片炸的时间长短和土豆片的厚度有关系，炸成金黄色就可捞出，炸得过久容易炸成薯片。

❶ 土豆洗净去皮，切片，放水中浸泡10分钟后捞出沥水，小干红椒切段。（图1）

❷ 锅内适量油烧热，倒入沥干水分的土豆片。（图2）

❸ 土豆片炸至金黄色捞出沥油。（图3）

❹ 锅内留底油，花椒入锅爆香。（图4）

❺ 倒入小干红椒、炸好的土豆片。（图5）

❻ 调入生抽、白糖、盐、孜然粉，翻炒均匀后即可出锅。

土豆也可以回锅哦，
炸过的土豆片再回锅炒，
入口的感觉绝对不比回锅肉差。

小的时候家人总会说，
想要脑子好，就得吃核桃。
香脆的核桃和软嫩的菠菜相搭配，
你会喜欢上这道菜的。

菠菜核桃仁

制作时间：8分钟　下饭指数：★★★☆☆

材料	调料
菠菜300克	盐1/4小勺
核桃仁50克	香油、植物油各适量

做法

❶ 菠菜洗净切段，入开水锅焯水后捞出沥干。（图1）

❷ 核桃仁掰小块，焯水后捞出。（图2）

❸ 锅热入油烧至七成热，倒入菠菜、核桃仁，翻炒数下。（图3）

❹ 根据个人口味调入盐。（图4）

❺ 滴入几滴香油，炒匀后关火即可出锅。（图5）

下饭秘诀

❶ 菠菜要先焯水再炒，既可以快速炒熟，也可以将菠菜中的草酸溶解在水里。

❷ 核桃仁焯水后可以去除原有的涩味。如果不喜欢核桃的外皮，可以在焯水后很方便地将皮去掉。

❶

❷

❸

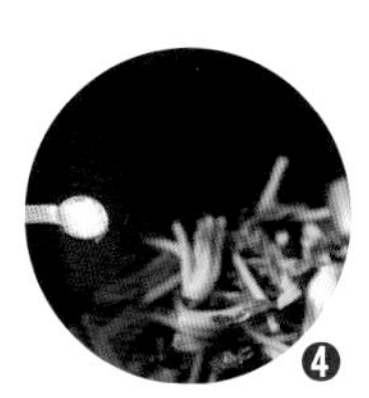
❹

❺

地三鲜

制作时间：15分钟　下饭指数：★★★★★

材料	调料
茄子1个	蚝油、生抽各1大勺
土豆1个	白糖、盐各1/4小勺
青椒2个	植物油适量
葱、姜各适量	

做法

❶ 茄子、土豆、青椒分别洗净切块，葱、姜均切末。（图1）

❷ 热锅入油烧热，倒入土豆块炸至金黄色，捞出沥油。（图2）

❸ 倒入茄子，炸至金黄色捞出沥油。（图3）

❹ 锅内留底油，倒入葱、姜末爆香。（图4）

❺ 调入一大勺蚝油，炒匀，再调入生抽、白糖、盐。

❻ 倒入炸好的土豆、茄子和青椒块，翻炒至三者变软即可。（图5）

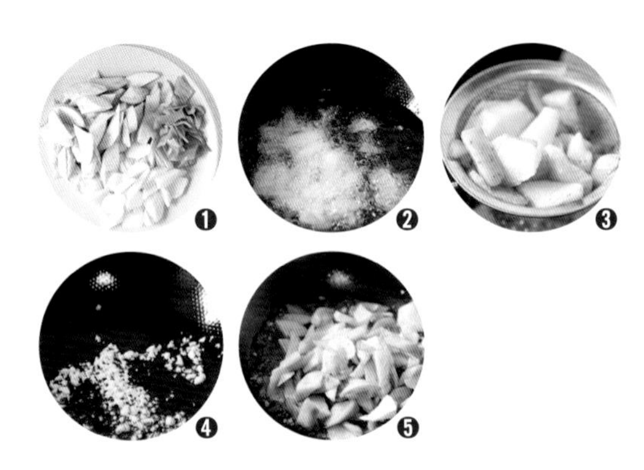

下饭秘诀

❶ 土豆、茄子可以同时入锅炸制，但有的茄子比较老，需要的时间长，所以一般是分开炸制。

❷ 提前在锅内把调料汁炒匀，再倒入几乎已是全熟的食材，可以避免食材因长时间烹饪而过于软烂，失去原有的口感。

❸ 出锅时可以加入少许蒜末，有提味提香作用。此方法同样也适用于烧茄子、酱茄子等。

不要放太多油，
东北菜中有名的地三鲜，
在家也能轻松做。

山药有多种，
做这道菜我会首选铁棍山药，
如果你能买到铁棍山药，
那就最好了。

四色山药

制作时间：8分钟　下饭指数：★★★★☆

材料

山药250克
青椒1个
木耳6朵
胡萝卜半根
葱适量

调料

盐1/4小勺
植物油适量

❶ 胡萝卜洗净去皮切片，青椒切丝，木耳泡发后撕小朵，葱切葱花。（图1）

❷ 山药去皮切成片，水中加入数滴白醋搅匀，放入山药片浸泡几分钟。（图2）

❸ 锅中加入适量水烧开，山药、胡萝卜、青椒、木耳入锅焯水后捞出。（图3）

❹ 热锅入油烧至七成热，倒入山药、胡萝卜、青椒、木耳，翻炒1分钟。（图4）

❺ 根据个人口味调入盐。（图5）

❻ 充分翻炒均匀，撒上葱花关火即可出锅。

下饭秘诀

❶ 山药有两种，一种比较细，外表有很长的毛，是用来炖汤的，口感比较软滑，比较糯；另一种比较粗，外表毛比较短，用来炒菜，口感比较爽滑，比较脆。

❷ 山药去皮后会氧化变色，切片后放入加了白醋的水中浸泡可防止变色。

❶

❷

❸

❹

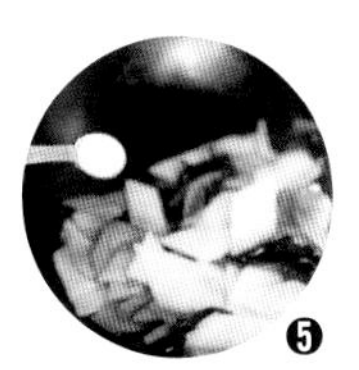
❺

包菜粉丝

制作时间：8分钟　下饭指数：★★★☆☆

材料	调料
包菜300克	生抽1小勺
粉丝100克	白糖、盐各1/4小勺
小红尖椒1个	植物油适量
蒜头2瓣	

❶ 粉丝用开水泡软，捞出剪成段，沥干水分。（图1）

❷ 包菜洗净切细丝，小红尖椒切丝，蒜头切碎。（图2）

❸ 蒜碎、小红尖椒入油锅爆香，倒入包菜丝，翻炒至包菜发软。（图3）

❹ 调入生抽、白糖，加入适量水。（图4）

❺ 倒入粉丝，翻炒2分钟至汤汁快干。（图5）

❻ 根据个人口味调入盐，炒匀关火即可出锅。

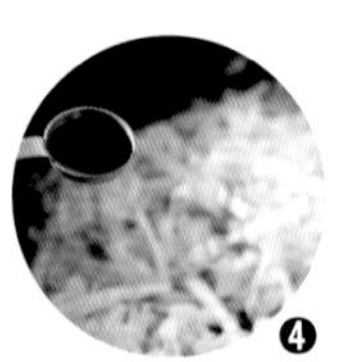

下饭秘诀

❶ 加入的水不要太多，包菜本身也会出水。

❷ 炒粉丝容易粘锅，除了要加些水外，炒菜的油量也要比平常的菜多一些，粉丝入锅后要多翻炒。

小瑶很喜欢炒出的包菜有清香甘甜的味道，
如果你家里有小孩，
那就最好不放辣椒了。

萝卜想要炒出好滋味是比较难的，
需要掌握一些小技巧，
比如切薄片和加生抽，
不过萝卜倒是很适合与肉搭配。

素炒萝卜片

制作时间：5分钟　下饭指数：★★★☆☆

材料	调料
白萝卜300克	生抽1小勺
青椒、红椒各1个	白糖1/8小勺
葱适量	盐1/4小勺
	植物油适量

做法

❶ 白萝卜洗净去皮，切成小片，青椒、红椒均洗净切丝，葱切小段。（图1）

❷ 锅中加入适量水烧开，白萝卜片入锅焯水后捞出。（图2）

❸ 热锅入油烧至七成热，葱段入锅爆香。（图3）

❹ 倒入白萝卜片、青红椒丝。（图4）

❺ 调入生抽、白糖、盐，加入少量水。（图5）

❻ 翻炒均匀后，稍焖2分钟关火即可出锅。

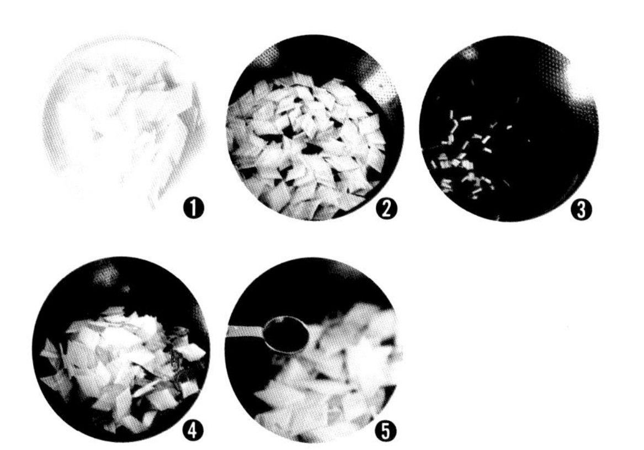

下饭秘诀

❶ 白萝卜营养丰富，可降低血脂、软化血管、稳定血压，还可以促进胃肠蠕动，有助于体内废物的排出，常吃可以清脂减肥。

❷ 焯水能去除白萝卜中的辣味、涩味，同时还能使白萝卜中的部分淀粉转化成葡萄糖而产生微甜味、鲜味。

色彩西蓝花

制作时间：8分钟 下饭指数：★★★★☆

材料

西蓝花300克

胡萝卜100克

火腿50克

红椒1个

调料

盐1/4小勺

植物油适量

❶ 西蓝花洗净掰小朵，火腿切丝，胡萝卜、红椒分别洗净切片。（图1）

❷ 锅中加入适量水烧开，西蓝花、胡萝卜、红椒入锅焯水后捞出。（图2）

❸ 热锅入油烧至七成热，倒入西蓝花、胡萝卜、红椒，翻炒数下。（图3）

❹ 根据个人口味调入盐，翻炒均匀。（图4）

❺ 倒入火腿丝，稍加翻炒即可出锅。（图5）

下饭秘诀

❶ 西蓝花富含维生素C，能提高人体免疫功能，促进肝脏解毒，增强人的体质。具有防癌抗癌的功效，尤其是在防治胃癌、乳腺癌方面效果尤佳。

❷ 西蓝花的花蕾很容易藏有菜虫和农药，不易清除。可以将西蓝花放入淡盐水中浸泡5~10钟，以杀死菜里可能存在的虫卵和病菌。浸泡后再用清水冲洗几次，避免掰碎后再清洗的过程中造成二次污染。

西蓝花的做法有很多，
炒西蓝花一般会和其他食材搭配，
火腿丝让西蓝花的色彩更艳丽一些，
让挑食的小孩也会喜欢。

蚝油在粤菜中的使用比较多，
而这道蚝油生菜也是比较有名的粤菜，
很多人接触蚝油就是从这道菜开始的。

蚝油生菜

制作时间：5分钟　下饭指数：★★★★☆

材料

生菜350克

蒜头2瓣

调料

蚝油、水淀粉各1大勺

生抽、盐各1小勺

白糖1/2小勺

植物油适量

做法

❶ 蒜头去皮，剁成蒜末备用。（图1）

❷ 锅中加入适量水烧开，加入少量盐、油，倒入生菜焯水10秒，迅速捞出。（图2）

❸ 将生菜入凉开水中过凉，捞出沥干水分后装盘。（图3）

❹ 另起锅入少许油，烧至七成热，蒜末入锅爆香。（图4）

❺ 调入蚝油、白糖、生抽、盐，加入适量水，炒匀。（图5）

❻ 倒入水淀粉勾芡成黏稠的酱汁，最后将熬好的蚝油酱汁淋在生菜上即可。

下饭秘诀

❶ 生菜焯水时，水一定要彻底烧开，然后再下入生菜，如果生菜量多的话，最好分次入锅。

❷ 生菜焯水的时间不宜过长，一般都是几秒钟，烫软就可捞出。

❸ 生菜焯水时，加入适量的盐和油，可以保持其翠绿鲜嫩的色泽，不易发黑，而且营养不易流失。

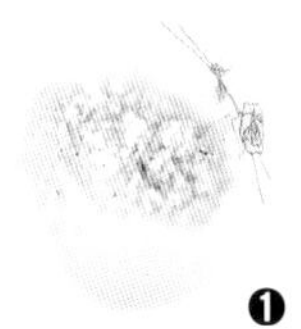
❶

❷

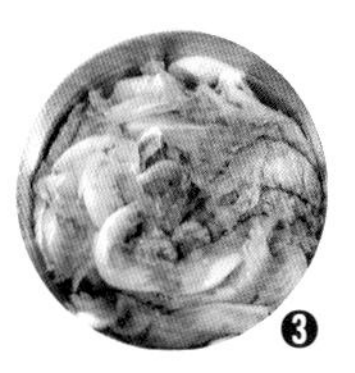
❸

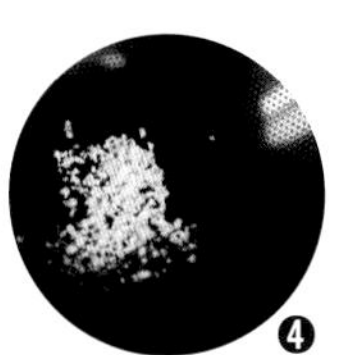
❹

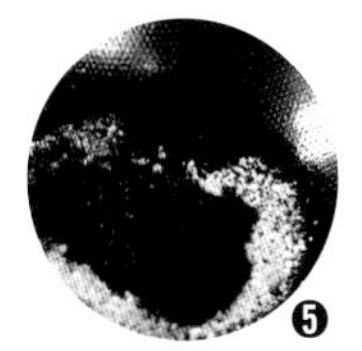
❺

炒南瓜丝

制作时间：5分钟　下饭指数：★★★☆☆

材料

南瓜300克

青椒1个

红椒1个

蒜头2瓣

调料

盐1/4小勺

白醋、植物油各适量

❶ 南瓜洗净去皮切细丝，青红椒洗净切丝，蒜头剁成蒜泥。（图1）

❷ 锅中加入适量水烧开，南瓜丝入锅焯水后捞出沥水。（图2）

❸ 热锅入油烧至七成热，蒜泥入锅爆香。（图3）

❹ 倒入南瓜丝、青红椒丝，翻炒至南瓜丝变软，调入适量白醋。（图4）

❺ 根据个人口味调入适量的盐。（图5）

❻ 充分翻炒均匀后即可。

下饭秘诀

❶ 如果是比较嫩的南瓜，可以不用去皮，连皮一起烹炒也很美味。

❷ 炒南瓜丝时，放适量白醋，不但可以保持南瓜的清香，也可防止南瓜在翻炒时过于熟烂而不成形。

❶ ❷

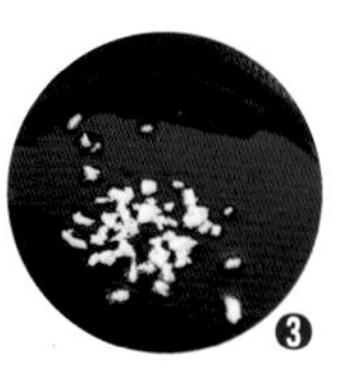

❸

❹

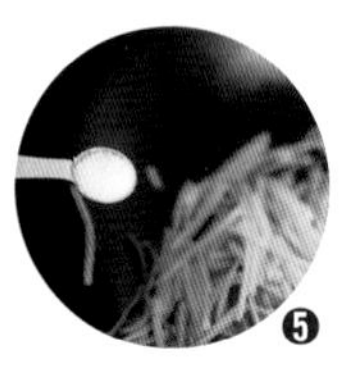

❺

炒南瓜丝是我小时候常吃的一道菜，
如今我更多是把南瓜熬粥或做甜羹，
用来炒的比较少，
不过却有一番美好的回忆在心头。

橄榄菜虽然不常见，
但把它放入茭白丝中，
会让茭白丝更添别样的风味，
你一定会多吃一碗饭。

茭白橄榄菜

制作时间：5分钟　下饭指数：★★★★☆

材料

茭白2根

橄榄菜2大勺

调料

盐、植物油各适量

做法

❶ 茭白去皮切细丝。（图1）

❷ 锅中加入适量水烧开，茭白丝入锅焯水后捞出沥水。（图2）

❸ 热锅入油烧至七成热，倒入焯过水的茭白丝。（图3）

❹ 翻炒数下，调入少量盐，翻炒均匀。（图4）

❺ 倒入橄榄菜。（图5）

❻ 充分翻炒均匀即可出锅。

下饭秘诀

❶ 橄榄菜口味鲜咸，要注意调味料的用量，一般选用汕头出产的橄榄菜为佳。

❷ 橄榄菜可用于胃溃疡的辅助治疗，可预防胆结石并能治疗背部疼痛。但也不能一次吃多，否则可能会引起腹泻。

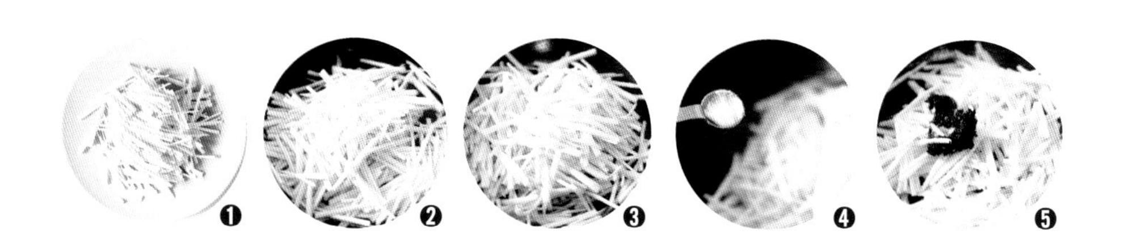

Part 5

蛋：搬个鸡蛋当救兵

营养、**美味**、做法简单，
鸡蛋简直就是食物中最有“人缘”的，
几乎和什么都能**搭配**，
而且能搭配得很好。

就是这小小的鸡蛋，几乎从未离开我成长的餐桌。从水煮蛋到荷包蛋，从蒸蛋到鸡蛋饼，都能使我想起小时候的味道和家的感觉。

鸡蛋几乎是每个家庭厨房里必备的食材。营养、美味、做法简单，鸡蛋简直就是食物中最有“人缘”的，几乎和什么都能搭配，而且能搭配得很好。

一枚受过精的鸡蛋，在适宜的温度下可以独立孵出一只小鸡，这足以说明鸡蛋的营养。因此鸡蛋也被称为食物界的一个奇迹。营养学研究表明，在众多的富含蛋白质的食物中，鸡蛋是生产过程中耗能最少、最环保的食物。作为人们最好的营养来源之一，鸡蛋含有丰富的维生素和矿物质，鸡蛋中的高质量蛋白质，是最接近母乳的天然蛋白质。

鸡蛋虽然营养丰富、口感鲜香，但也不能吃太多。吃太多会影响胃肠的消化，还会增加肝、肾的负担。每个人每天吃 1~2 个鸡蛋为宜，这样既有利于消化吸收，又能满足机体的需要。

一枚小小的鸡蛋，赢得人们青睐的原因，不单是它丰富的营养，还有它多变的做法和搭配。卤蛋皮蛋茶叶蛋，煮蛋炒蛋和蒸蛋，可以做花样蛋炒饭，也可以变身鸡蛋甜点。没有做不到，只有想不到。

在选购鸡蛋时，最好选购草鸡蛋，这样炒出的鸡蛋色泽金黄，而人工饲养的鸡产出的鸡蛋色味都比较淡。

在打蛋液的时候加入少量水，这样炒出的鸡蛋口感比较水嫩香滑。而在蛋液入锅后，用筷子顺着一个方向搅拌，蛋液会受热均匀，口感也更松软。如果是煎鸡蛋皮，可以在蛋液中加一些面粉，这样可以增强蛋液的韧性，煎出的蛋皮不易破。

如果你是厨房新手，可以从炒鸡蛋学起；如果你是厨艺高手，就可以变着花样做鸡蛋。即使家里只剩下几枚鸡蛋，也可以做出超赞的美食，这就是小小鸡蛋的魅力。

即使家里只剩下几枚鸡蛋，
也可以做出超赞的美食，
这就是小小鸡蛋的魅力。

木须肉

制作时间：15分钟　下饭指数：★★★★★

材料

鸡蛋2个
猪肉150克
木耳10克
干黄花菜20克
葱1根

调料

生抽、香油1小勺
盐1/4小勺
植物油适量

❶ 木耳用温水泡发，干黄花菜洗净，用温水浸泡2小时。（图1）

❷ 泡好的木耳撕小朵，黄花菜控水后切成小段，猪肉切丝，葱切葱花。（图2）

❸ 鸡蛋打入碗中，搅拌打散，热锅入油烧至七成热，倒入蛋液，炒散成块后盛出。（图3）

❹ 倒入肉丝，煸炒至肉色发白。（图4）

❺ 将木耳、黄花菜段倒入锅中，翻炒数下，根据个人口味调入盐、生抽。（图5）

❻ 倒入炒好的鸡蛋块，快速翻炒几下，淋入香油，撒入葱花，炒匀后出锅即可。

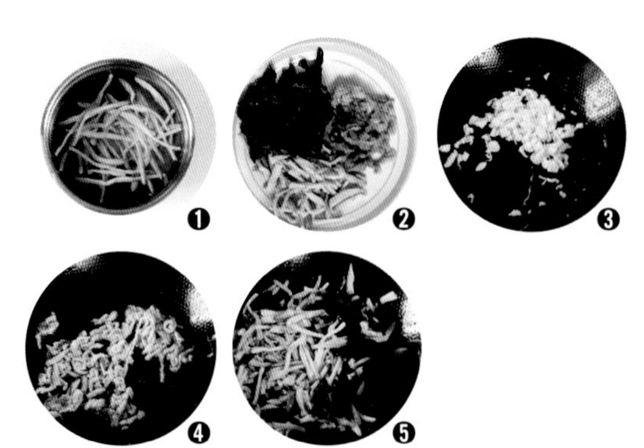

下饭秘诀

❶ 木须肉是典型的北方菜，但各地人使用的制作原料并不一致，山东曲阜的做法中要有木耳和玉兰片（笋片），北京的做法要有木耳、金针菜和黄瓜。

❷ 人工饲养的鸡蛋炒出来的蛋块会发白，如果想炒出金黄色的鸡蛋块，最好选用草鸡蛋。

❸ 打蛋液的时候可以加入适量水，一般一个鸡蛋加入一汤匙的水量，这方法可使鸡蛋的口感更加水嫩香滑。

木须肉，
经典的北方菜，
如果你还不会做，
那就真的落伍了。

剁椒鸡蛋

制作时间：5分钟　下饭指数：★★★★☆

材料

鸡蛋2个

剁椒30克

调料

料酒、盐各1/4小勺

植物油适量

做法

❶ 鸡蛋打入碗中，加盐、料酒，搅拌均匀。

❷ 热锅入油烧至七成热，将蛋液倒入锅中，均匀铺满锅底，待蛋液稍稍凝固，快速划散，盛出。（图1、2）

❸ 锅中再加入适量油烧热，倒入剁椒，煸炒至出现红油。（图3）

❹ 把炒好的鸡蛋倒回锅中。（图4）

❺ 快速翻炒数下，搅拌均匀即可出锅。（图5）

下饭秘诀

❶ 蛋液入锅后，立刻用筷子顺着一个方向搅拌，可使鸡蛋均匀受热，口感更松软。

❷ 剁椒煸炒至出现红油即可，时间太长剁椒会炒煳，影响美观和口感。

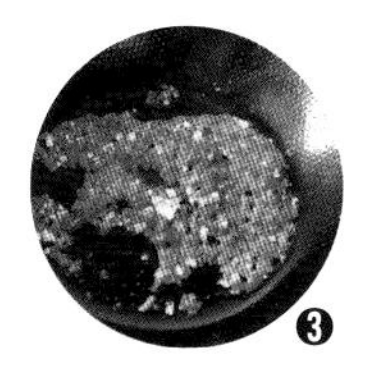

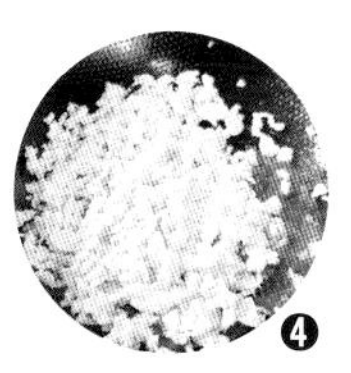

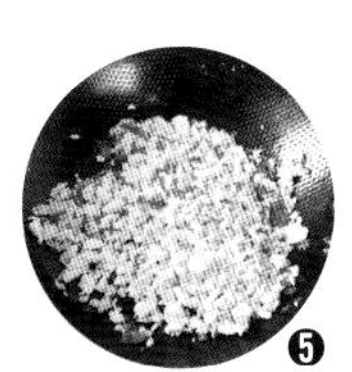

什锦炒鸡蛋

制作时间：8分钟　下饭指数：★★★★☆

材料

鸡蛋1个

青椒1个

茭白1根

胡萝卜半根

木耳5朵

调料

盐1/4小勺

植物油适量

做法

❶ 茭白、青椒、胡萝卜分别洗净切丝，木耳泡发后洗净切丝。（图1）

❷ 锅中加入适量水烧开，茭白、青椒、胡萝卜、木耳丝入锅焯水后捞出沥水。（图2）

❸ 鸡蛋打入碗中，搅拌打散，热锅入油烧至七成热，倒入鸡蛋液，炒散成块后盛出。（图3）

❹ 倒入茭白、青椒、胡萝卜、木耳丝，翻炒数下。（图4）

❺ 根据个人口味调入盐。（图5）

❻ 倒入炒好的鸡蛋块，充分翻炒均匀后即可出锅。

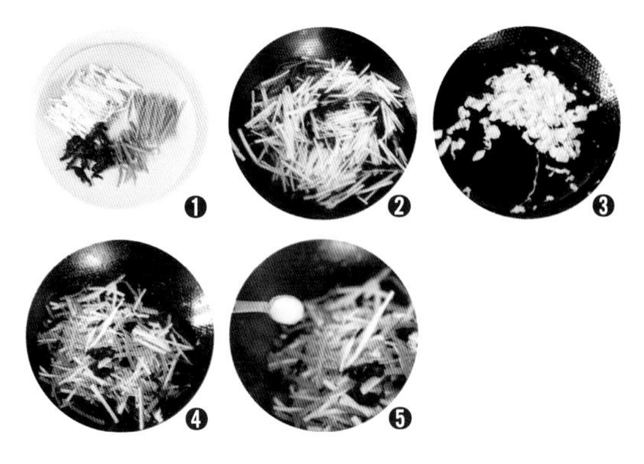

下饭秘诀

❶ 鸡蛋是百搭食材，平时做菜的多余食材，大部分都可以和鸡蛋混搭，炒出一盘可口的什锦炒鸡蛋。

❷ 鸡蛋营养丰富，但如果吃得太多，则不利于胃肠的消化。每人每天以吃1 ~ 2个鸡蛋为宜。

冰箱里剩余一些蔬菜，
恰好还有两个鸡蛋，
就可以做这道菜，
简单的美味，
让你吃得满足。

很流行的健康蔬菜，
做法也比较简单，
如果家人有患糖尿病，
这道菜就很合适。

秋葵煎蛋

制作时间：5分钟　下饭指数：★★★★☆

材料	调料
秋葵200克	盐1/4小勺
鸡蛋2~3个	植物油适量
葱花适量	

❶ 锅中加入适量水烧开，加入少许盐，秋葵入锅焯水后捞出。（图1）

❷ 鸡蛋打入碗内，调入盐搅打均匀。（图2）

❸ 秋葵切成小段，倒入鸡蛋液中，拌匀。（图3）

❹ 热锅入油烧至七成热，倒入秋葵鸡蛋液。（图4）

❺ 待蛋液与秋葵一起凝固后快速炒散，翻炒数下，撒上葱花关火即可出锅。（图5）

下饭秘诀

❶ 秋葵可凉拌、热炒、油炸、炖食、做沙拉、做汤菜等，在凉拌和炒食之前必须入锅中焯水，去除涩味。

❷ 烹炒前，锅要烧热，油也要比平时炒菜多放些，这样炒出来的鸡蛋才会更美味。

鸡蛋皮

制作时间：5分钟　下饭指数：★★★☆☆

材料

面粉1小勺

鸡蛋2~3个

葱1根

调料

盐、植物油各适量

❶ 葱切葱花，把鸡蛋打入碗中，加少量水，撒入葱花。（图1）

❷ 调入盐和一小勺面粉，搅拌打散。（图2）

❸ 热锅入油烧至七成热，转中小火，将一勺蛋液倒入锅中。（图3）

❹ 均匀铺满锅底，蛋皮边稍微翘起时，可以用手揭起蛋皮，翻面。（图4）

❺ 煎至两面金黄，盛出。然后依次将所有蛋液煎成蛋皮，切丝或切段食用皆可。（图5）

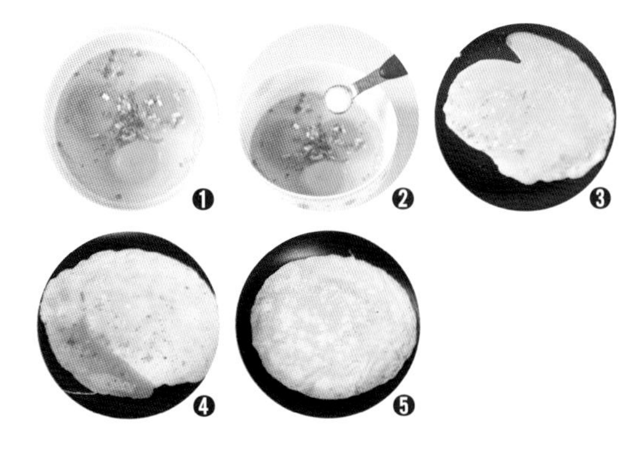

下饭秘诀

❶ 蛋液里加一些面粉，可以增强蛋液的韧性，煎出的蛋皮不易破。

❷ 煎的时候锅底一定要少放油，油太多，蛋液不易煎成蛋皮。

做鸡蛋皮，最好用平底锅，
小火煎，煎好的鸡蛋皮切丝，
可以放入馄饨汤中，
美味又营养。

不要瞧不起黄花菜，
这可是哺乳期催奶的必备菜，
如果家里有哺乳期的妈妈，
这道菜最适合她了。

黄花菜炒鸡蛋

制作时间：10分钟　下饭指数：★★★★☆

材料	调料
鸡蛋2个	生抽、香油各1小勺
干黄花菜50克	盐1/4小勺
葱1根	植物油适量

做法

❶ 干黄花菜洗净用温水泡2小时，鸡蛋打散搅匀。（图1）

❷ 泡好的黄花菜控水后切成小段，葱切葱花。（图2）

❸ 锅中加入适量水烧开，倒入黄花菜焯水后捞出沥水。（图3）

❹ 鸡蛋打入碗中，搅拌打散，热锅入油烧至七成热，倒入蛋液，鸡蛋炒散成块后盛出。（图4）

❺ 锅内再入少许油烧热，葱花入锅炒香，倒入黄花菜，调入生抽、盐，翻炒数下。（图5）

❻ 倒入炒好的鸡蛋，调入香油，充分翻炒均匀即可出锅。

下饭秘诀

❶ 颜色暗黄、两端有点发黑的黄花菜才是天然的。黄花菜干菜色金黄、外观非常漂亮的是加工过的黄花菜。

❷ 干黄花菜要泡较长时间才会泡软，要提前准备。水中放少量干淀粉，可以把黄花菜中的沙子去掉。

❶

❷

❸

❹

❺

苋菜蛋黄

制作时间：5分钟　下饭指数：★★★★☆

材料

苋菜400克

生咸鸭蛋1~2个

蒜头3瓣

调料

盐1/4小勺

植物油适量

做法

❶ 生咸鸭蛋入冷水锅，中小火煮20分钟左右，捞出取出蛋黄压碎备用。（图1）

❷ 蒜头切碎，热锅入油烧至七成热，蒜碎入锅爆香。（图2）

❸ 倒入苋菜，炒至叶子稍稍发瘪。（图3）

❹ 根据个人口味调入盐。（图4）

❺ 翻炒均匀后，撒上蛋黄碎，翻拌数下即可出锅。（图5）

下饭秘诀

❶ 如果是购买的熟咸鸭蛋，挑选时要看外观，品质好的咸鸭蛋外壳光滑圆润，呈青色，无裂缝。质量较差的咸鸭蛋外壳灰暗，有白色或黑色的斑点，这种咸鸭蛋容易碰碎，保质期也相对较短。

❷ 苋菜清热解毒、明目利咽。但是最好晚上吃，因为苋菜含有光敏性物质，容易引起过敏症状，食用时需注意。

很少有人将苋菜和咸蛋黄搭配，
你可以尝试我的方法，
让苋菜不再只能做成蒜泥苋菜。

圆白菜炒鸡蛋和包菜炒鸡蛋，
有异曲同工之处。
我们一般包菜吃得多，
可以经常换圆白菜，
让家人吃不一样的味道。

圆白菜粉丝炒鸡蛋

制作时间：15分钟　下饭指数：★★★★☆

材料	调料
鸡蛋1~2个	生抽1小勺
圆白菜200克	盐1/4小勺
粉丝20克	白糖1/8小勺
葱1根	植物油适量

❶ 粉丝洗净，倒入热水中浸泡几分钟至软，葱切葱花。（图1）

❷ 圆白菜洗净切丝，入开水锅中焯水后捞出。（图2）

❸ 鸡蛋打入碗中，搅拌均匀，热锅入油烧至七成热，将鸡蛋液倒入锅中，炒散成块后盛出。（图3）

❹ 锅中下入圆白菜丝，炒至菜丝稍稍变软，调入生抽、白糖，划散炒匀。（图4）

❺ 倒入泡好的粉丝，根据个人口味调入盐，翻炒均匀。（图5）

❻ 将炒过的鸡蛋倒入锅中，翻炒数下，撒上葱花关火即可。

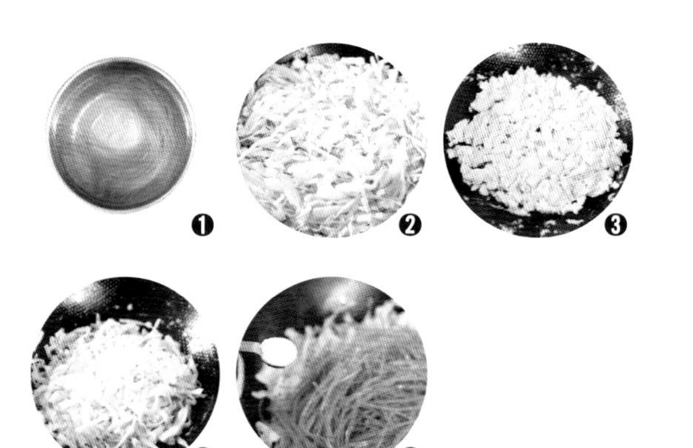

下饭秘诀

❶ 粉丝也可用冷水泡发。当粉丝颜色变为白色或浅黄色为泡好，若不能判断粉丝是否已经泡好，可以挑出几根粉丝掐断，观察粉丝的截面，若没有硬心、白心，则是已经泡好的粉丝，可以放心食用。

❷ 如果想要圆白菜更入味，可以不用菜刀切丝，改用手撕圆白菜也可以。

❸ 圆白菜和粉丝都属于味道比较淡的食材，可以加入少量尖椒提鲜、提味，使整个菜变成美味的无敌下饭菜。

青椒炒鸡蛋

制作时间：5分钟　下饭指数：★★★★☆

材料	调料
鸡蛋2个	香油、盐各1/4小勺
青椒3~4个	植物油适量

下饭秘诀

❶ 青椒切丝之前可以用刀拍一下，这样更容易切，也更容易炒入味。

❷ 蛋液倒入油锅后立刻用筷子顺着一个方向搅拌，可以使鸡蛋均匀受热，炒出来的鸡蛋更松软。

❶ 青椒洗净切丝，鸡蛋打入碗中，搅打均匀。（图1）

❷ 热锅入油烧至七成热，将蛋液倒入锅中，均匀铺满锅底。待蛋液稍稍凝固，快速划散后盛入盘中。（图2）

❸ 青椒丝倒入锅中，大火翻炒至断生。（图3）

❹ 倒入鸡蛋翻炒数下。（图4）

❺ 调入盐，淋入香油，炒匀关火即可出锅。（图5）

❶

❷

❸

❹

❺

在我上大学的时候，
经常吃青椒炒鸡蛋盖浇饭，
美味，下饭，勾起阵阵回忆。

这是我特别推荐的一道夏日瘦身菜，
很多女孩子不爱吃苦瓜，
但是如果把苦瓜处理得当，
配上咸蛋黄，
能让你整个夏天瘦身又美丽。

蛋黄苦瓜

制作时间：5分钟　下饭指数：★★★☆☆

材料

咸鸭蛋1个

苦瓜1根

调料

盐、植物油各适量

做法

❶ 咸鸭蛋取蛋黄捣碎，苦瓜洗净去瓤切片。（图1）

❷ 锅中加入适量水烧开，加入少许盐，苦瓜入锅焯水后捞出过凉。（图2）

❸ 另起锅入油烧热，倒入碎蛋黄，不停划动。（图3）

❹ 小火将蛋黄炒至起气泡，加少许水后倒入苦瓜片。（图4）

❺ 翻炒均匀，即可出锅。（图5）

下饭秘诀

❶ 苦瓜的内瓤最苦，去除得越干净越好。将切好的苦瓜放到盐水中焯水，可去除苦味，吃起来也更加爽口。

❷ 压碎的鸭蛋黄放入锅中炒，注意一定要用小火，炒到起气泡。咸鸭蛋黄较干，可加水稀释一下，但是不能多放。

❸ 如果咸蛋黄不够咸，可以适量地调入一些盐。

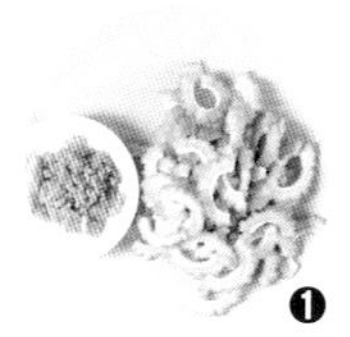

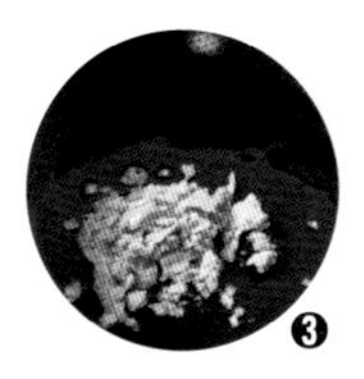

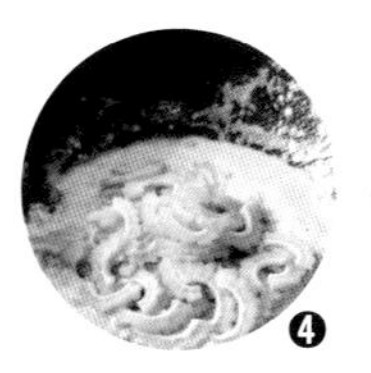

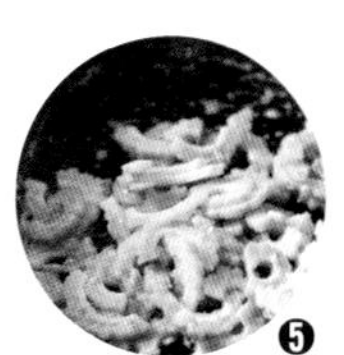

鲜虾韭菜炒鸡蛋

制作时间：15分钟　下饭指数：★★★★★

材料

- 鸡蛋1个
- 河虾100克
- 韭菜300克
- 葱、姜各适量

调料

- 料酒1大勺
- 盐1/4小勺
- 植物油适量

❶ 河虾去须、去虾线，洗净，加料酒腌制30分钟。（图1）

❷ 韭菜洗净切成小段，葱、姜均切末。（图2）

❸ 锅中加入适量水烧开，倒入料酒、少量盐，河虾入锅汆至变色后捞出。（图3）

❹ 鸡蛋打入碗中，搅拌打散均匀，热锅入油烧至七成热，倒入蛋液，炒散成块后盛出。（图4）

❺ 将韭菜、葱、姜倒入锅中，翻炒数下，根据个人口味调入盐，翻炒均匀。（图5）

❻ 倒入炒好的鸡蛋块、河虾，快速翻炒数下即可出锅。

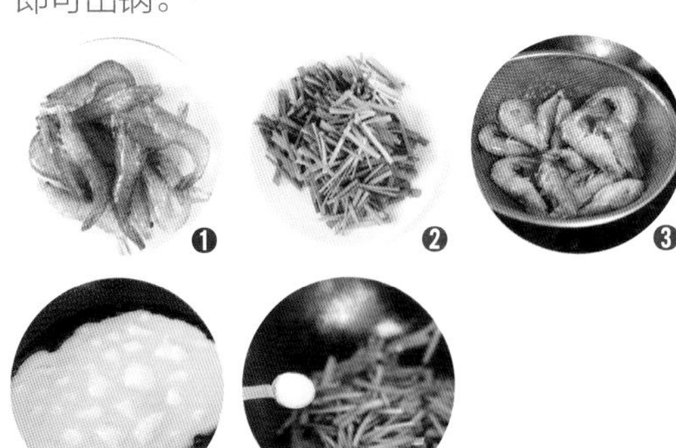

下饭秘诀

❶ 鸡蛋在打散时可以适量地加入一些盐再进行烹炒，可以起到提前入味的目的。

❷ 如果买不到新鲜河虾，也可以用海米、大虾、虾皮等来替代。虾本身味道就非常鲜美，调料无须多放，以免抢味。

三、四月的韭菜最鲜嫩，
河虾也最新鲜，
如果有可口的土鸡蛋，
就能做出一道美味开胃的下饭菜。

一把江南特有的小香葱，
切成葱花，拌进鸡蛋液里，
简简单单下锅，
葱香四溢的葱花鸡蛋就可以上桌了。

葱花鸡蛋

制作时间：5分钟　下饭指数：★★★★★

材料

鸡蛋2个

葱2根

调料

料酒、盐各1/4小勺

植物油适量

做法

❶ 葱洗净切成葱花，鸡蛋打散，将葱花倒入鸡蛋液中搅拌均匀。（图1）

❷ 调入盐、料酒，加入少量水，搅打均匀。（图2）

❸ 热锅入油烧至七成热，将鸡蛋葱花液倒入锅中，均匀铺满锅底。（图3）

❹ 转中火，将鸡蛋液煎至稍凝固。用筷子顺着一个方向搅拌鸡蛋液，直至鸡蛋液凝固呈金黄色即可。（图4）

下饭秘诀

❶ 在鸡蛋液中加入料酒可以适当减轻鸡蛋的腥味。

❷ 在蛋液中加入一勺水，可以使炒出的鸡蛋更松软。

❸ 用筷子顺着一个方向搅拌，可以使鸡蛋液均匀受热，炒出来的鸡蛋更嫩。

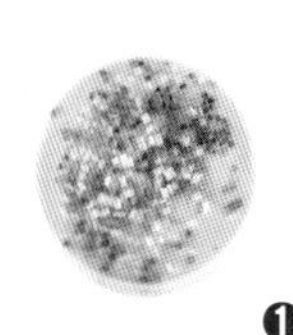

❶

❷

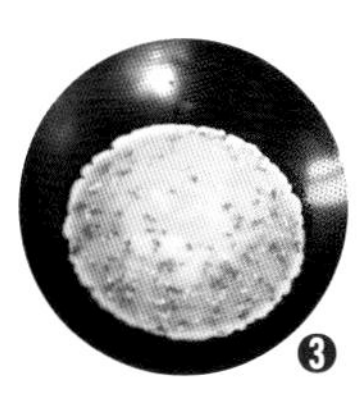

❸

❹

平菇炒鸡蛋

制作时间：8分钟　下饭指数：★★★★☆

材料	调料
鸡蛋2个	蚝油、香油各1小勺
平菇200克	盐1/4小勺
葱1根	植物油适量

做法

❶ 平菇洗净用手撕成小朵，鸡蛋打散备用，葱切段。（图1）

❷ 锅中加入适量水烧开，平菇入锅中焯1分钟后捞出沥水。（图2）

❸ 热锅入油烧至七成热，倒入蛋液，把鸡蛋炒散成块后盛出。（图3）

❹ 锅中再次入少许油烧热，倒入葱段，调入蚝油炒散。（图4）

❺ 将平菇倒入锅中翻炒1~2分钟，根据个人口味调入盐，翻炒均匀。（图5）

❻ 倒入炒好的鸡蛋块，快速翻炒几下，撒上葱花关火即可出锅。

下饭秘诀

❶ 平菇要尽量用手撕成小朵，这样便于炒熟。

❷ 平菇烹炒时会出水，所以炒的时间不宜过长，否则出水太多，影响口感。

❶

❷
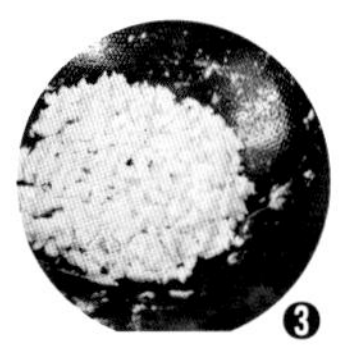
❸
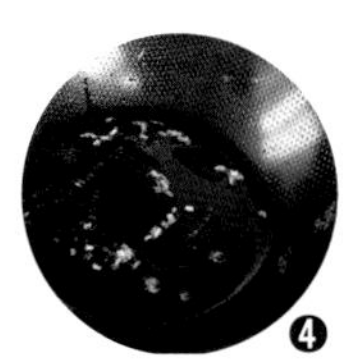
❹

❺

平菇平时多用于火锅，
与鸡蛋也是绝佳的组合，
美味的平菇炒鸡蛋，
让你爱上不常吃的平菇。

Part 6

鱼、虾、贝：
“鲜”香停不了

在江南地区长大的小孩，
对鱼、虾有一种特殊的感情，
看到或吃鱼、虾的时候，
就会想起自己的童年时光。

在江南地区长大的小孩，对鱼、虾有一种特殊的感情，看到或吃鱼、虾的时候，就会想起自己的童年时光。江南地区虽然盛产鱼、虾，但在三十多年前，鱼、虾也并不是普通家庭每餐都会有的，一周吃上一次也就不错了。

现在依旧记得小时候家里做的鱼头豆腐汤，吃饭的时候，妈妈端上一小盆鱼头豆腐汤，小孩围在一起喝着汤，用汤泡饭，简简单单的食材，简简单单的做法，却是那么有滋有味。

小时候觉得吃带鱼很麻烦，总是幻想着，如果带鱼没有那么多讨厌的骨刺该多好啊。对于带鱼，印象比较深刻的还有父母在忙前忙后地炸带鱼的情景。带鱼晒干后，裹上淀粉，放进油锅里炸，一般会炸上满满一盆。在过年或有亲朋好友来的时候，把带鱼红烧一下，就是一道美食。

炸带鱼给我的感觉更多是年味。过年了，有的吃，有的玩，这算是小孩子最兴奋、最欢乐的时候了。长大之后，离家在外，不能常伴在父母身旁。有时候在年前回家，热气腾腾的厨房中，父母忙前忙后的身影，总让我想到小时候，想到自己成长过程中父母给我的爱，总会忍不住湿了眼眶。

还是小孩子的我，常常和小伙伴们一起去钓龙虾，那时候用的饵料还是自己亲手抓来的田鸡。一下午就能钓上满满的一桶，拿回家让妈妈洗刷干净，简简单单地烧一下，那种美味到现在还能记得。爸爸吃着龙虾，喝着啤酒，有时候还让我喝几口，当时觉得啤酒真难喝，还是吃龙虾比较过瘾。

清明时节的螺蛳也是我小时候特别爱吃的。依然记得当时和父母一起捞螺蛳的情景，用小钳子将螺蛳一颗一颗捡起来，放在桶里，回家的路上是最欢快的。用少许辣椒将螺蛳炒好之后，就开始不停地吸螺蛳肉，有时候还吸不出来。虽然吃着有点麻烦，但在美味面前，这点麻烦就不算什么了。吃完之后，看着地上一大摊螺蛳壳，心满意足地打个饱嗝……真是很怀念这些时光。

贝类海鲜小时候吃得并不多，长大后才吃得多了起来。现在我也能做许多拿手的贝类海鲜，滋味不比饭店的差，家人和朋友也都爱吃。

在美味面前，
这点麻烦就**不算什么了**。

糖醋带鱼

制作时间：20分钟　下饭指数：★★★★☆

材料

带鱼1条

葱、姜各适量

调料

白糖2大勺

料酒、香醋、

干淀粉各1大勺

生抽、老抽各1小勺

盐1/2勺

植物油适量

❶ 葱切小段，姜切小片，带鱼去内脏洗净，切段，放入容器，加入葱段、姜片、盐、干淀粉、料酒，抓匀后腌制30分钟。（图1）

❷ 热锅入油烧至七成热，倒入腌制好的带鱼段，炸至金黄色后捞出沥油。（图2）

❸ 锅内留底油，葱、姜入锅爆香。（图3）

❹ 调入生抽、老抽、香醋、白糖、盐，加入适量水，翻搅均匀。（图4）

❺ 倒入炸好的带鱼段，翻炒至裹满酱色。（图5）

❻ 最后将汤汁收至喜欢的黏稠程度即可。

下饭秘诀

❶ 在购买带鱼时，应挑选宽度适中的带鱼，因为太窄的带鱼肉少而干，太宽的带鱼又不易烹调入味。

❷ 鱼表面的银鳞并不是鳞，而是一层由特殊脂肪形成的表皮，称为“银脂”，是营养价值较高且无腥无味的优质脂肪。银鳞怕热，在75℃的水中便会溶化，因此清洗带鱼时水温不可过高，也不要对鱼体表面进行过度的刮拭，以防止银脂流失。

对厨房新手来说，
做带鱼是比较有挑战性的，
但是如果学会了，
这就是让你自豪的一道拿手菜。

收到浙江朋友快递给我的小鱼干，
我总会和自家做的酸豇豆搭配在一起炒，
鲜酸无比，超级开胃。

酸豇豆炒鱼干

制作时间：10分钟　下饭指数：★★★★☆

材料	调料
小鱼干30克	白糖、盐各1/4小勺
酸豇豆200克	植物油适量
小红尖椒2个	

做法

❶ 小红尖椒切碎，小鱼干放入水中浸泡至稍软，沥干水分。（图1）

❷ 热锅入油烧至七成热，倒入小鱼干。（图2）

❸ 再倒入小红尖椒碎，中火慢炒2~3分钟，炒出香味。（图3）

❹ 将已经切段的酸豇豆倒入锅中，炒散。（图4）

❺ 调入白糖和少量的盐。（图5）

❻ 快速翻炒均匀后即可出锅。

下饭秘诀

❶ 小鱼干多少会有腥味，一次料理用不完的鱼干，建议用密封性好、安全可靠的保鲜盒储存。

❷ 小鱼干本身带有部分盐，调味料的用量需根据个人口味调节，以免过咸。

❸ 白糖可以中和酸豇豆本身带有的酸味，使口感更柔和。

❶

❷

❸

❹

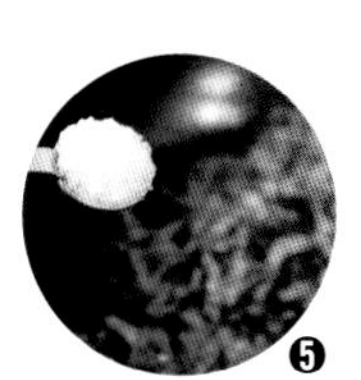
❺

炒墨鱼仔

制作时间：5分钟　下饭指数：★★★★☆

材料

墨鱼仔330克

洋葱半个

小干红椒、花椒各适量

调料

料酒1大勺

生抽、海鲜酱油各1小勺

白糖、盐各1/4小勺

植物油适量

做法

❶ 墨鱼仔洗净改刀切小，洋葱切丝，小干红椒切碎。（图1）

❷ 锅中加入适量水烧开，加入料酒，倒入墨鱼仔，汆水后捞出。（图2）

❸ 热锅入油烧至七成热，小干红椒碎、花椒入锅爆香。（图3）

❹ 倒入洋葱丝炒香。（图4）

❺ 将沥水后的墨鱼仔倒入锅中，快速翻炒数下。（图5）

❻ 调入生抽、海鲜酱油、白糖、盐，充分翻炒均匀后即可出锅。

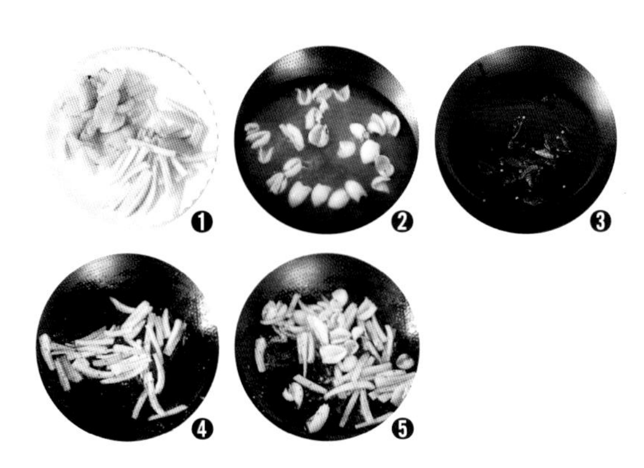

下饭秘诀

❶ 墨鱼仔一般在超市的生鲜柜台有售，如果是冷冻包装，最好放入冰箱冷藏室自然解冻后再进行烹炒。

❷ 墨鱼仔易熟，翻炒时间不宜太长，口味以咸鲜厚重为好。

墨鱼仔是我比较爱吃的，
南京不产海鲜，
想吃海鲜的时候只有去超市买冷冻的，
倒也能满足一下自己的馋嘴。

新鲜的鱿鱼，
香郁的豆瓣酱，
加上少许洋葱，
让酱香包裹着鱿鱼肉，
你一定会喜欢上这三种食材的搭配。

豆瓣炒鱿鱼

制作时间：8分钟　下饭指数：★★★★★

材料	调料
鱿鱼350克	豆瓣酱1大勺
洋葱1个	料酒1小勺
干红辣椒1个	白糖、盐各1/4小勺
姜适量	植物油适量

做法

❶ 鱿鱼洗净改刀切小段，洋葱切细丝，干红辣椒切丝，姜切片。（图1）

❷ 锅中加入适量水烧开，放入料酒、姜片，鱿鱼段入锅焯水后捞出沥水。（图2）

❸ 热锅入油烧至七成热，干红辣椒丝入锅爆香。（图3）

❹ 将洋葱丝倒入锅内，翻炒数下。（图4）

❺ 倒入鱿鱼段快速翻炒30秒，调入豆瓣酱，翻炒数下。（图5）

❻ 依口味调入白糖、盐，快速翻炒均匀即可出锅。

下饭秘诀

❶ 鱿鱼提前汆水可以很有效地去除腥味。

❷ 鱿鱼易熟，烹炒时注意火候，一定要大火快炒。

❸ 豆瓣酱本身是咸的，喜欢淡口味的无须再调入盐，而加入白糖可使豆瓣酱的口感更柔和。

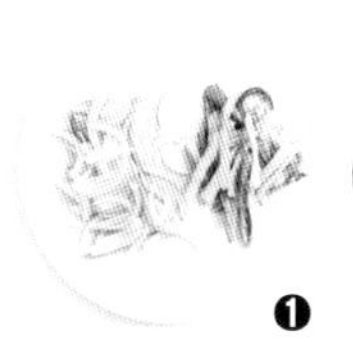
❶

❷

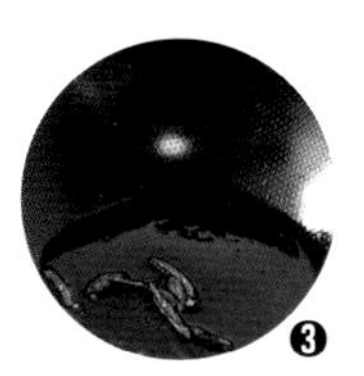
❸

❹

❺

油爆小河虾

制作时间：15分钟　下饭指数：★★★★★

材料

小河虾400克

葱、姜、蒜头各适量

调料

料酒1大勺

生抽1小勺

白糖、盐各1/4小勺

植物油适量

做法

❶ 小河虾洗净去须脚去虾线，加料酒腌制30分钟，葱切葱花，姜、蒜头均切末。（图1）

❷ 热锅入油烧至六成热，放入小河虾，煎炸至外壳泛红，捞出沥油。（图2）

❸ 锅内留底油，葱、姜、蒜末入锅爆香。（图3）

❹ 倒入炸过的小河虾。（图4）

❺ 调入料酒、生抽、白糖，翻炒数下。（图5）

❻ 根据个人口味调入盐，快速翻炒均匀，撒上葱花即可出锅。

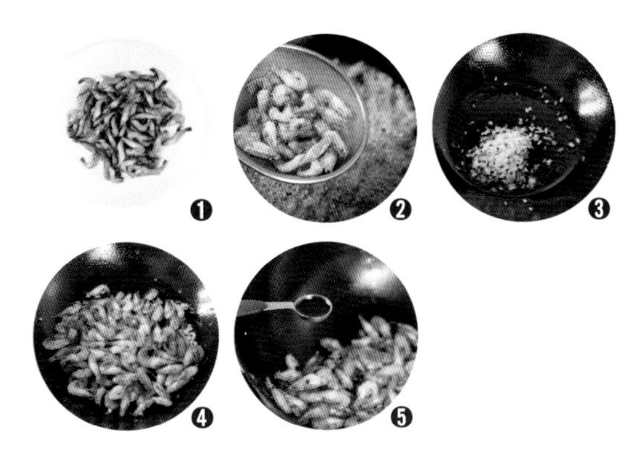

下饭秘诀

❶ 小河虾洗净后一定要充分沥干水分，这样炸制时会避免油星四处飞溅伤到皮肤。

❷ 虾的炸制时间不宜过久，虾壳与虾肉分离即可，以保持脆嫩适中的口感。

❸ 炒虾的底油不宜过多，因为河虾已经炸过，不会再吸收油分。

我喜欢早上六点多去菜市场买新鲜的河虾，
配上小香葱做来吃，孩子吃得很开心。
吃虾可以帮助孩子长高，
所以你要会做这道菜哦。

在吃虾的时候，
如果嫌剥虾壳太麻烦，
可以提前取出虾仁，
做一道宫保虾球，
就可以大快朵颐了。

宫保虾球

制作时间：10分钟　下饭指数：★★★★☆

材料	调料
大虾300克	蚝油1大勺
花生米100克	料酒、白糖、干淀粉各1小勺
葱、姜各适量	醋1/2小勺
	盐1/4小勺
	植物油适量

做法

❶ 大虾去壳取出虾仁洗净，将虾仁开背，去除虾线，葱切葱花，姜切片。（图1）

❷ 处理好的虾仁加入盐、料酒和干淀粉，搅拌均匀后腌制15分钟，花生米去皮。（图2）

❸ 热锅入油烧至六成热，油微微冒青烟时，倒入虾仁过油炸一下，捞出沥油。（图3）

❹ 锅内留底油，葱、姜入锅爆香，调入蚝油、醋、白糖。（图4）

❺ 倒入虾仁，翻炒至裹满酱色。（图5）

❻ 将去皮花米生倒入锅内，翻炒均匀即可出锅。

下饭秘诀

❶ 虾经过油炸基本已熟，后面再次翻炒的时间不要过长，否则口感不够滑嫩。

❷ 喜欢香辣口味的可以将蚝油替换成郫县豆瓣酱，再适量地放入一些干辣椒、花椒之类。

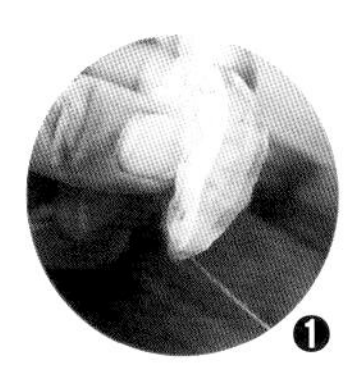

❶

❷

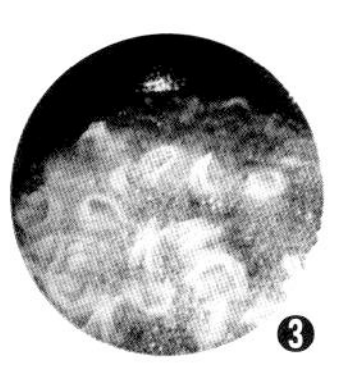

❸

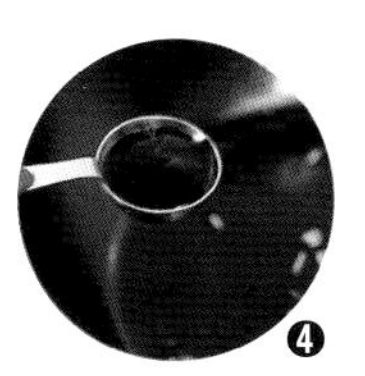

❹

❺

干烧虾

制作时间：10分钟 下饭指数：★★★★☆

材料	调料
大虾300克	料酒2大勺
蒜头2瓣	生抽1小勺
	盐1/2小勺
	白糖1/4小勺
	植物油适量

下饭秘诀

❶ 干烧菜肴最好要焖煮一下，使汤汁渗入食材内，水不宜多加，最后要尽量将菜肴的汤汁收干。

❷ 烹炒干烧虾时，切记不可上色过重，不宜添加老抽，否则菜肴色泽发黑，不美观。

做法

❶ 大虾去虾线洗净，蒜头切蒜泥。热锅入油烧至七成热，倒入大虾。（图1）

❷ 快速煸炒至大虾全身变红。（图2）

❸ 调入料酒、生抽、白糖，翻炒均匀。（图3）

❹ 倒入切好的蒜泥。（图4）

❺ 根据个人口味调入盐，加入少量水，翻炒数下。（图5）

❻ 盖上锅盖焖烧3分钟，至汤汁收干即可出锅。

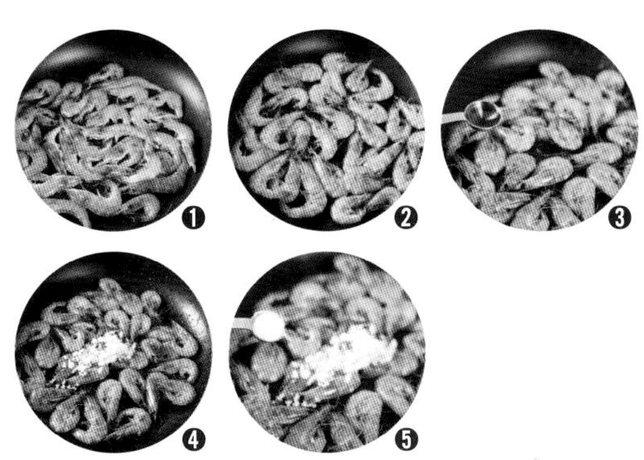

选用大个的对虾，
简单煸炒，就算你不擅长做虾，
也能烧出鲜香的滋味。

冬瓜让这道菜很清淡，
但在清淡中也有好滋味，
因为这里面还有海米的鲜香。

开洋冬瓜

制作时间：10分钟　下饭指数：★★★★☆

材料

海米20克
冬瓜300克
葱、姜各适量

调料

盐1/4小勺
植物油适量

做法

❶ 海米冲洗净，开水浸泡3小时至海米回软，冬瓜洗净后去瓤切片。（图1）

❷ 葱切葱花，姜切丝，热锅入油烧至七成热，葱花、姜丝入锅爆香。（图2）

❸ 将海米倒入锅中煸炒出香味。（图3）

❹ 冬瓜片入锅，再倒入一小碗泡海米的水。（图4）

❺ 根据个人口味调入盐，翻炒均匀。（图5）

❻ 待冬瓜煨至呈现透明色，撒上葱花即可出锅。

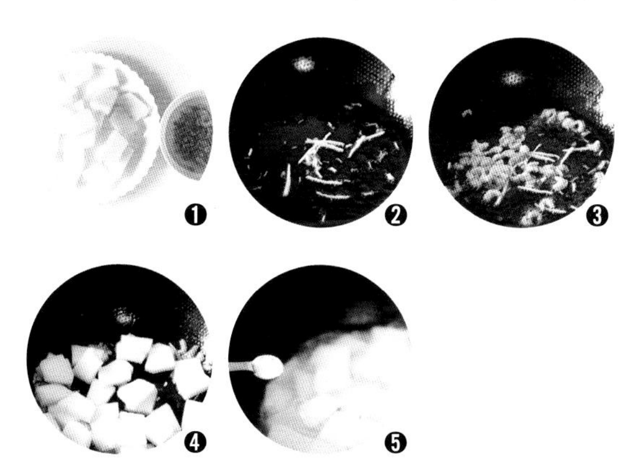

下饭秘诀

❶ 炒冬瓜的时候也可以滴入少量的醋，冬瓜不会炒软，而且还有淡淡的醋熘味道。

❷ 最后收汁时，冬瓜煨至透明即可出锅，时间久了冬瓜过于软烂，会影响口感。

葱爆文蛤

材料

蛤蜊400克

葱、姜各适量

调料

郫县豆瓣酱、香油、蚝油、料酒各1大勺

白糖、盐各1/4小勺

植物油适量

❶ 水中加入少量香油，将洗净的蛤蜊放入水中静养2小时吐沙待用。葱切葱花，姜切片（图1）

❷ 锅中加入适量水烧开，倒入蛤蜊，调入盐，待大部分蛤蜊开口立即捞出。（图2）

❸ 热锅入油烧至七成热，葱、姜入锅爆香，调入郫县豆瓣酱，炒散。（图3）

❹ 倒入氽水后冲洗净的蛤蜊。（图4）

❺ 调入料酒、白糖、盐、蚝油。（图5）

❻ 快速翻炒均匀即可出锅。

下饭秘诀

❶ 蛤蜊吐沙后壳内仍会残留少许沙子，氽水可以去除一些，但是仍需清水漂洗去除剩余的沙粒，以免破坏口感。

❷ 蛤蜊氽水时间不宜过长，大部分开口即可捞出，如果等全部开口，就容易将肉煮老了。

在一大盘壳中吃蛤蜊肉是需要耐心的，
还有对美味的“锲而不舍”，
吃蛤蜊就是吃这个过程中的乐趣。

清炒葫芦很少有人做，
如果你不喜欢太荤的菜，
就可炒一盘葫芦，
加一点海米，吃得一样香。

海米烩葫芦

制作时间：8分钟　下饭指数：★★★★☆

材料

海米20克
葫芦300克
青椒、红椒各1个
蒜头2瓣

调料

盐1/4小勺
植物油适量

做法

❶ 海米冲洗干净，沸水浸泡3小时至海米回软。（图1）

❷ 葫芦洗净后去瓤切片，青红椒切片，蒜头切碎。（图2）

❸ 锅中加入适量水烧开，葫芦片入锅焯水后捞出。（图3）

❹ 热锅入油烧至七成热，蒜碎入锅爆香，倒入葫芦片炒至稍软，根据个人口味调入盐。（图4）

❺ 倒入青红椒、泡软的海米和少量泡海米的水。（图5）

❻ 翻炒均匀后将汤汁收干即可出锅。

下饭秘诀

❶ 没添加色素的海米，虽然外皮微红，但里面的肉却是黄白色的；而添加了色素的海米，皮肉都是红的。由于色素基本上没有气味和味道，所以无法用鼻子闻或用嘴尝来辨别。

❷ 用温水将海米洗净，再用沸水浸泡3～4小时，待海米回软时，即可使用，也可用凉水将海米洗净后，加水上锅蒸软。

❸ 泡海米的水也有着丰富的营养，不要倒掉，可用于烹炒菜肴。

开胃目鱼卷

制作时间：8分钟　下饭指数：★★★★☆

材料	调料
目鱼卷150克	蚝油、料酒各1大勺
西蓝花250克	白糖、盐各1/4小勺
葱、姜、蒜头适量	植物油适量

❶ 目鱼卷切小段，西蓝花洗净掰成小朵。葱、姜切末，蒜头切碎。（图1）

❷ 锅中加入适量水烧开，西蓝花入锅焯水后捞出。（图2）

❸ 重新烧水，加入料酒、葱、姜，目鱼卷入锅汆水后捞出。（图3）

❹ 热锅入油烧热，调入蒜碎、蚝油炒散，倒入目鱼卷。（图4）

❺ 翻炒约1分钟，倒入西蓝花。（图5）

❻ 调入适量的白糖、盐，充分翻炒均匀后关火即可。

下饭秘诀

❶ 可以直接选用超市里已经切好十字刀花的目鱼卷，省去切花的过程，烹炒起来更加方便。

❷ 烹炒时间不宜过长，时间久了目鱼的肉质容易变老，影响口感。

超市买到的目鱼卷，
配上西蓝花，清炒就可以，
漂亮又美味，招待客人也能拿得出手。

如果你不知道黄鳝怎么做才好吃，
就可以学做这道茄子烧黄鳝，
一定不会让你失望。

茄子烧黄鳝

制作时间：20分钟　下饭指数：★★★★☆

材料	调料
黄鳝2条	蚝油、料酒各1大勺
茄子1个	生抽1小勺
青椒1个	白糖1/2小勺
蒜头2瓣	盐1/4小勺
姜适量	植物油适量

❶ 茄子洗净去蒂，切5~6厘米长的条，黄鳝去内脏洗净后从背部切花刀，然后切成与茄子条等长的段，青椒、姜均洗净切片，蒜头切碎。（图1）

❷ 锅中加入适量水烧开，放入料酒、姜片，黄鳝段入锅汆水后捞出沥水。（图2）

❸ 热锅入油烧至七成热，倒入茄子条，炸至金黄色后捞出沥油。（图3）

❹ 锅中留少许底油，蒜碎入锅爆香，倒入汆水后的黄鳝段，翻炒数下。（图4）

❺ 调入蚝油、生抽、白糖，再倒入小半碗水，根据个人口味调入盐，翻炒均匀。（图5）

❻ 倒入青椒片和炸好的茄条，充分炒散后盖上锅盖焖煮5分钟，大火将汤汁收至喜欢的程度即可出锅。

下饭秘诀

❶ 黄鳝可以请摊主代为宰杀处理，制作起来更加方便。

❷ 洗黄鳝的时候可以加些白酒，或者醋、盐之类的调料，能帮助去除黄鳝表面的黏液。

❶

❷

❸

❹

❺

豉香目鱼仔

制作时间：8分钟　下饭指数：★★★★☆

材料

- 目鱼仔200克
- 青椒、红椒各1个
- 洋葱半个
- 葱、姜、蒜头各适量

调料

- 豆豉10克
- 料酒1大勺
- 生抽、白糖各1小勺
- 盐 1/8小勺
- 植物油适量

下饭秘诀

❶ 目鱼仔味道鲜美，营养丰富，是一种高蛋白、低脂肪的美食良药。

❷ 豆豉用刀切碎再进行烹炒，会使菜肴更加入味。另外豆豉本身带有咸味，烹炒时无须放太多盐。

❶ 豆豉用刀切碎，洋葱去皮洗净切小块，青椒、红椒均洗净切块，葱切葱花，姜、蒜头均切末。（图1）

❷ 锅中加入适量水烧开，倒入料酒，目鱼仔入锅汆水后捞出。（图2）

❸ 热锅入油烧至七成热，洋葱、姜末、蒜末入锅爆香。（图3）

❹ 倒入目鱼仔，翻炒数下，将豆豉碎倒入锅中。（图4）

❺ 调入生抽、白糖、盐，放入青红椒块。（图5）

❻ 充分炒匀后，撒上葱花即可出锅。

豆豉除了蒸排骨、炒鸡翅，
同样可以用来炒海鲜，
赶紧尝尝豆豉配海鲜的味道吧。

Part 7

最鲜的
下饭素食

豆制品也是炒菜中常用到的食材。
无论是豆腐、豆皮、豆干，
还是其他豆制品，经过简单烹炒，
就是一份美味的**家常**下饭菜。

豆制品也是炒菜中常用的食材。无论是豆腐、豆皮、豆干，还是其他豆制品，经过简单烹炒，就是一份美味的家常下饭菜。什锦豆腐、紫甘蓝炒豆皮、雪菜炒豆干……豆制品与其他食材的搭配也是花样众多，风味也各不相同。

随着朋友圈的不断拓展，在和很多爱美食的人交流中，我发现许多人现在开始吃素。除了那些信佛的人吃素外，还有好多不信佛的人也在吃素。我遇到的那些吃素的人，他们并不会批评吃荤的人。而我也不会去问他们为什么不吃肉之类的问题，反而对他们有些尊敬崇拜的心情。觉得他们能下定决心撇开荤菜，只吃素食，内心一定是有坚强的信念。

以前我关注的荤菜比较多，而近期研究的食谱，也开始把素菜作为一个重点方向。我希望大家通过不同的素食搭配，也能吃出更健康、更美味的素食体验。

对于只吃素食的人来说，豆制品就相当于素食中的肉了。由于豆制品中的蛋白质非常丰富，可以满足没有荤菜的情况下人体对蛋白质的需求，因此成为吃素食的人摄取蛋白质的首选食物。

豆制品经过特殊的制作，可以吃出肉的感觉，最典型的莫过于素鸡了，单是从名字就能看出来。一些人在吃素食的同时，也在追求素食的丰富口感。但真正的素食者不会这样，他们会有一种素食情结，吃素就要吃出食材的本味。在他们看来，吃素在某种意义上，表达的是对大自然的一种敬畏和感谢，而不是对大自然肆意地索取。

吃素在某种意义上，
表达的是对大自然的一种**敬畏**和**感谢**。

菌菇会有一种最**原始**、
最**贴近自然**的特殊味道，
这一点恰好与素食主义者的追求相吻合。

木耳、银耳、香菇、花菇、金针菇……这些我们常吃的菌菇类食物，也是素菜的重要部分。

菌菇原是天然野生的，品种也非常多。人们挑选出可以食用的菌菇后，逐渐学会了人工栽培，这些菌菇的产量随之大幅增加，成为大众餐桌上常见的食物。

菌菇会有一种最原始、最贴近自然的特殊味道，这一点恰好与素食主义者的追求相吻合，自然而然就成为素菜中不可或缺的一部分。而菌菇的食材处理和烹炒，也遵循着“简单制作，保持原味”这一原则。比如金针菇，入锅焯一下，沥水后调入盐、香油等，就可以吃了；木耳泡发后可以用来炒菜、煲汤，还可以焯水后凉拌；海鲜菇洗净切好，放入炒好的番茄汁中，将汤汁收至黏稠，鲜美的茄汁海鲜菇就做好了。

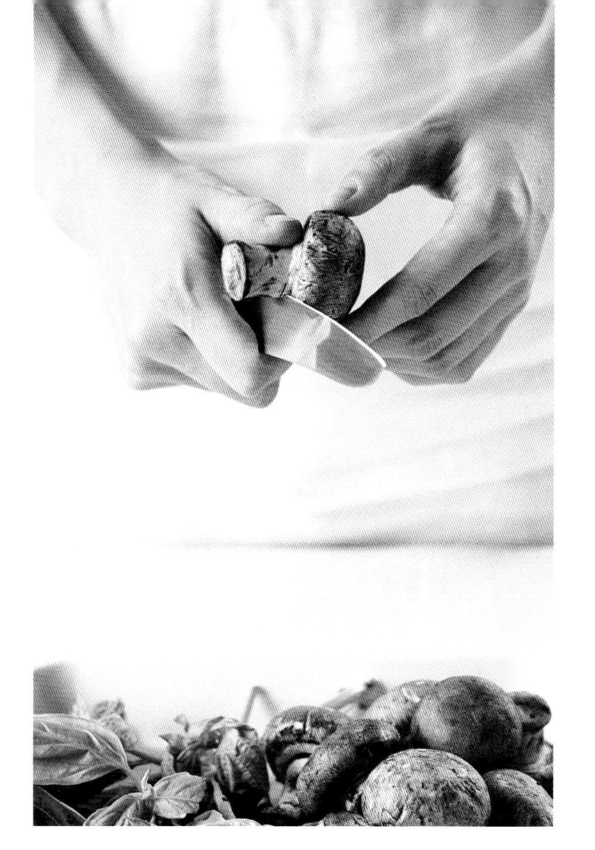

菌菇很“素”，同时也很“鲜”。我虽然不是素食者，但也常常买一些菌菇，单独烹炒或是和其他肉类、蔬菜类食材搭配炒菜，不仅营养均衡，还能丰富家人的餐桌选择。

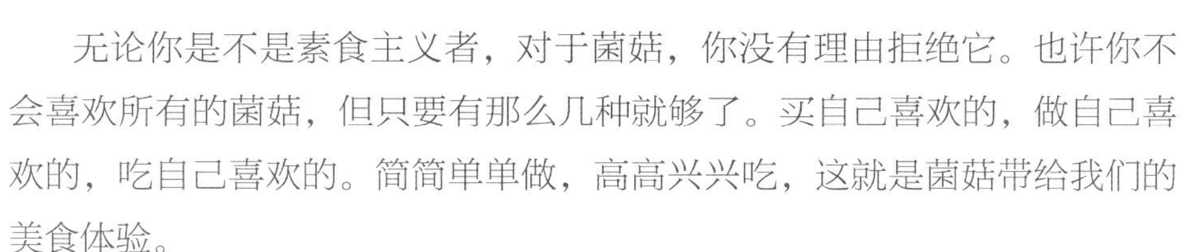

无论你是不是素食主义者，对于菌菇，你没有理由拒绝它。也许你不会喜欢所有的菌菇，但只要有那么几种就够了。买自己喜欢的，做自己喜欢的，吃自己喜欢的。简简单单做，高高兴兴吃，这就是菌菇带给我们的美食体验。

简简单单做，**高高兴兴**吃，
这就是菌菇带给我们的美食体验。

蚝油杏鲍菇

制作时间：10分钟 下饭指数：★★★★★

材料	调料
杏鲍菇400克	蚝油1大勺
红椒1个	白糖、盐、植物油各适量
葱1根	

做法

❶ 杏鲍菇洗净后切成条，红椒切丝，葱切葱花。（图1）

❷ 锅内加入适量水烧开，杏鲍菇、红椒丝入锅焯水后捞出沥水。（图2）

❸ 热锅入油烧至七成热，调入蚝油炒散。（图3）

❹ 倒入杏鲍菇、红椒丝，翻炒2分钟。（图4）

❺ 调入少许白糖、盐，翻炒均匀，撒上葱花即可出锅。（图5）

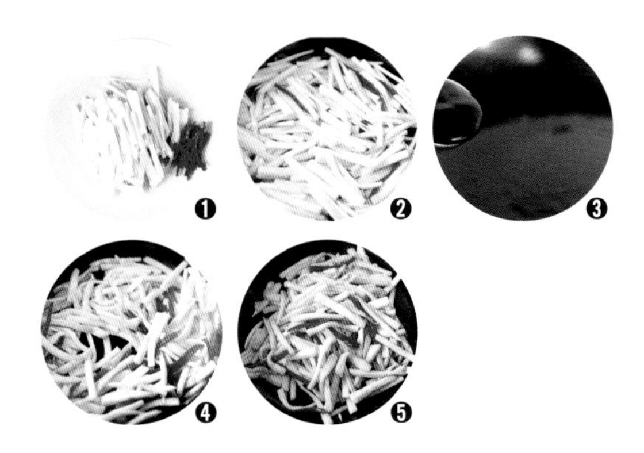

下饭秘诀

❶ 杏鲍菇具有降血脂、降胆固醇、促进胃肠消化、增强机体免疫能力、防止心血管病等功效，经常食用对人体有益。

❷ 口蘑、鸡腿菇与蚝油搭配烹炒的味道也非常不错。

焯水做出的杏鲍菇很美味，
如果你更有耐心，
可以将杏鲍菇蒸一下，
再切条烹炒，口感会更软嫩。

除了火锅麻辣烫之外，
金针菇还有其他做法，
这道清爽的凉拌菜最适合夏日的你。

椒油金针菇

制作时间：10分钟　下饭指数：★★★★★

材料

金针菇300克

胡萝卜1根

花椒、葱适量

调料

辣椒油、生抽各1大勺

白糖、盐各1/4小勺

植物油适量

❶ 金针菇切除根部，充分洗净并将其分散开，胡萝卜切丝，葱切葱花。（图1）

❷ 锅中加入适量水烧开，金针菇入锅焯水，捞出后入凉开水中过凉。（图2）

❸ 过凉后的金针菇捞出沥水，放入容器，加入胡萝卜丝，调入生抽、盐、白糖。（图3）

❹ 热锅入油烧至七成热，倒入辣椒油、花椒烧热。（图4）

❺ 将烧热的辣椒油过滤后淋在金针菇上。（图5）

❻ 充分抓匀，入冰箱冷藏数小时即可。

下饭秘诀

❶ 过凉时，可用凉开水或是纯净水，尽量不要直接用自来水过凉，以免食用生水引起胃肠不适。

❷ 拌匀时，可以带上一次性手套用手将食材与调料抓拌均匀，比用筷子拌出的更入味。放于冰箱冷藏一两个小时后再食用，味道更佳。

❸ 喜酸甜口味的，可按个人口味调入香醋或是果醋等调料。

笋炒木耳

制作时间：8分钟　下饭指数：★★★★☆

材料

春笋250克
木耳10克
青椒1个
葱适量

调料

盐1/4小勺
植物油适量

下饭秘诀

❶ 宜选用清明节前后出土的嫩笋，老笋的口感较差，且不易入味。
❷ 春笋入锅前先焯水，可以去掉笋子的青涩味，这样炒出的春笋更美味可口。

❶ 木耳温水泡发，洗净。（图1）

❷ 春笋洗净切丁，木耳撕小朵，青椒切片，葱切葱花。（图2）

❸ 锅中加入适量水烧开，笋丁、青椒、木耳入锅焯水后捞出。（图3）

❹ 热锅入油烧至七成热，倒入笋丁、青椒、木耳，翻炒1分钟。（图4）

❺ 根据个人口味调入盐。（图5）

❻ 充分炒匀后撒上葱花即可。

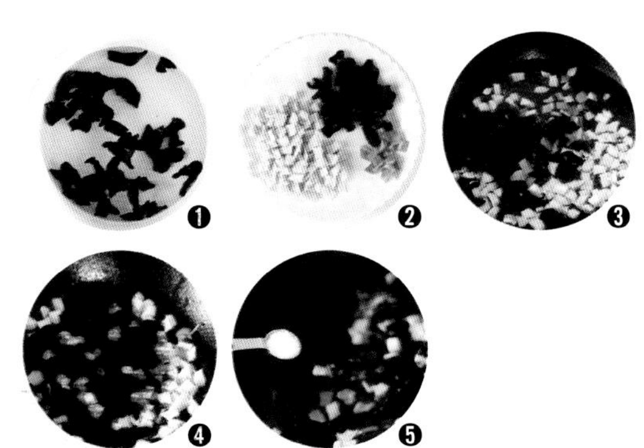

一小棵春笋切成丁，
就能做出春味四溢的家常小炒。

对豆制品毫无抵抗力的我，
很喜欢这一盘辣辣的豆制品小炒，
就着饭，吃呀吃，
盘中的千张吃尽了才放下筷子。

辣子千张

制作时间：8分钟　下饭指数：★★★☆☆

材料	调料
千张200克	香油1小勺
青椒、红椒各1个	盐1/4小勺
	植物油适量

做法

❶ 千张洗净切成小片，青红椒洗净切丝。（图1）

❷ 锅中加入适量水烧开，千张片、青红椒丝入锅焯水后捞出沥水。（图2）

❸ 热锅入油烧至七成热，倒入沥过水的千张片、青红椒丝，翻炒数下。（图3）

❹ 根据个人口味调入盐。（图4）

❺ 充分翻炒均匀后，淋入香油再翻炒两下即可出锅。（图5）

下饭秘诀

❶ 千张在北方又被称为豆腐皮，在南方也叫百叶。它是一种特殊的豆制食品，是一种薄的豆腐干片，色白，可凉拌，可清炒。

❷ 如果入菜的青红椒的辣味不够，可以在最后用辣椒油代替香油进行烹炒。

香芹炒木耳

制作时间：8分钟　下饭指数：★★★★☆

材料

芹菜300克

木耳10克

葱1根

调料

盐1/4小勺

植物油适量

❶ 木耳温水泡发洗净。（图1）

❷ 芹菜洗净切小段，葱切末，泡发木耳撕小朵。（图2）

❸ 锅中加入适量水烧开，芹菜、木耳入锅焯水后捞出沥水。（图3）

❹ 热锅入油烧至七成热，葱末入锅爆香。（图4）

❺ 倒入沥水后的芹菜、木耳，翻炒1分钟。（图5）

❻ 根据个人口味调入盐，充分翻炒均匀后关火即可。

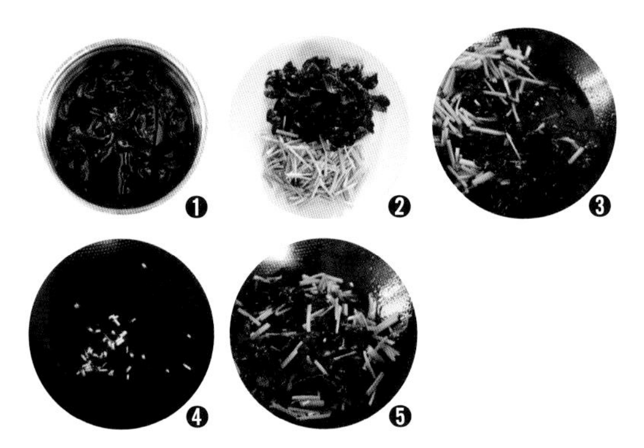

下饭秘诀

❶ 挑木耳的时候，颜色比较黑，看上去要干透，一朵一朵比较完整的相对优质。

❷ 芹菜焯水时，可以在水中放少许盐和油，不但能保持芹菜的爽脆口感，而且可以使菜的色泽更加鲜亮。

吃惯了精细的食物，
你最需要的就是一些粗纤维蔬菜了，
香芹就是首选，和木耳一起炒，
爽脆的口感真不错。

用小火将番茄煸炒出汁，
再放入豆腐块，
让豆腐块裹满茄汁，
那滋味太美了。

茄汁家常豆腐

制作时间：15分钟　下饭指数：★★★★★

材料

番茄1个

豆腐1块

葱适量

调料

白糖、盐各1/4小勺

植物油适量

做法

❶ 番茄洗净切小块，豆腐切小方块，葱切葱花。（图1）

❷ 平底锅入油烧至七成热，将豆腐块放入锅中煎至一面金黄。（图2）

❸ 将豆腐块全部翻面，将另一面也煎至金黄，将煎好的豆腐块盛出沥油。（图3）

❹ 炒锅入油烧至七成热，倒入番茄煸炒出大量的茄汁。（图4）

❺ 倒入豆腐块，调入白糖、盐。（图5）

❻ 翻炒均匀后焖3分钟，待豆腐吸足番茄汁后撒上葱花即可出锅。

下饭秘诀

❶ 豆腐宜选用老豆腐，煎制时不易煎碎，方便操作。如果煎豆腐掌握不好的话，就分成几次，每次煎少量，中途不要频繁去翻动。

❷ 如果时间充足，可以将番茄去皮切小丁，可以更大程度地煸出番茄汁。

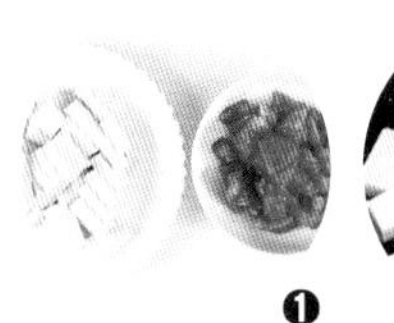
❶

❷

❸

❹
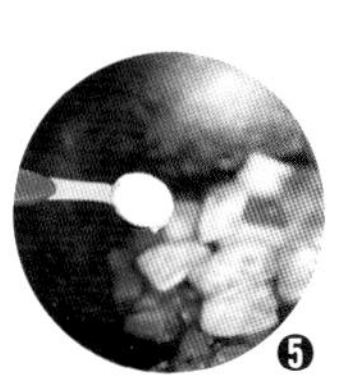
❺

丝瓜炒木耳

制作时间：8分钟　下饭指数：★★★★☆

材料

丝瓜1根

木耳10克

葱、蒜头适量

调料

盐1/4小勺

植物油适量

做法

❶ 丝瓜洗净去皮切块，木耳温水泡发洗净撕小朵，葱切葱花，蒜头切蒜泥。（图1）

❷ 锅中加入适量水烧开，丝瓜块、木耳入锅焯水后捞出过凉。（图2）

❸ 锅内入油烧至七成热，蒜泥入锅爆香，倒入丝瓜、木耳翻炒数下。（图3）

❹ 根据个人口味调入盐。（图4）

❺ 快速翻炒均匀，出锅前撒上葱花即可。（图5）

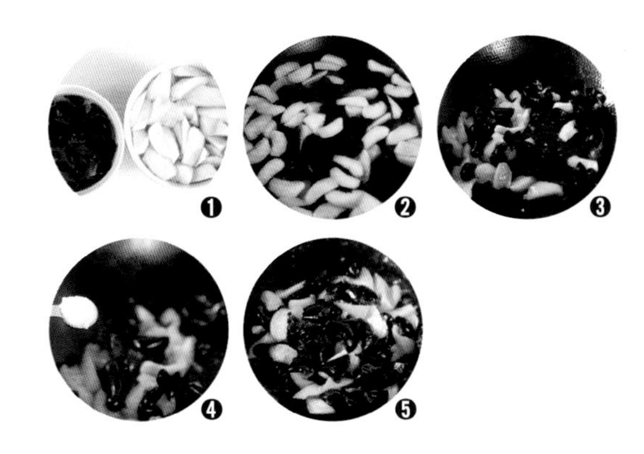

下饭秘诀

❶ 木耳泡发时，最好选择用15~25℃的水浸泡8小时左右，木耳就能吸足水分，恢复到生长时的物理状态。如果实在赶时间，那就选择温水泡发。

❷ 为了省事，木耳可一次多泡发点，做四五次吃的量，一次泡发后分别放在保鲜袋内扎紧袋口放入冰箱冷藏室的4℃温度范围保藏，随吃随取。

丝瓜炒鸡蛋是丝瓜的经典做法，
你也可以换个方法，
增加一点黑色的元素，
那就是这份丝瓜炒小木耳了。

吃惯了凉拌的紫甘蓝，
那就试试炒着吃吧，
与豆皮搭配，
也是相当爽口呢。

紫甘蓝炒豆皮

制作时间：8分钟　下饭指数：★★★☆☆

材料	调料
紫甘蓝300克	盐1/4小勺
豆皮1张	植物油适量
青椒、红椒各1个	
蒜头适量	

做法

❶ 紫甘蓝洗净切丝，豆皮切丝，青红椒切斜圈，蒜头切碎。（图1）

❷ 锅中加入适量水烧开，紫甘蓝、豆皮丝入锅焯水后捞出。（图2）

❸ 热锅入油烧至七成热，蒜碎入锅爆香，倒入紫甘蓝、豆皮丝。（图3）

❹ 炒至紫甘蓝稍稍变软，倒入青红椒，翻炒数下。（图4）

❺ 根据个人口味调入盐。（图5）

❻ 充分翻炒均匀即可出锅。

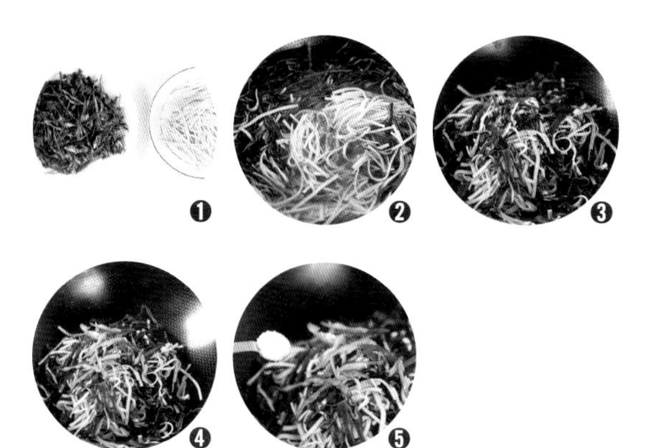

下饭秘诀

❶ 紫甘蓝营养价值高，含有丰富的维生素C、维生素V、维生素E和B族维生素，是一种天然的防癌药物，经常食用对身体大有益处。

❷ 辣椒要选择不太辣的，如果太辣会掩盖紫甘蓝清甜的味道。

❸ 蒜碎可以提前爆香，也可直接和紫甘蓝一起下锅炒，同样可以炒出蒜香味。

素鸡杂蔬

制作时间：15分钟　下饭指数：★★★★★

材料

素鸡1根

胡萝卜1根

青椒1个

木耳5克

葱适量

调料

生抽1小勺

白糖、盐各1/4小勺

植物油适量

下饭秘诀

❶ 素鸡中含有丰富蛋白质，不仅含有人体必需的8种氨基酸，而且比例也接近人体需要，营养价值较高。

❷ 素鸡清洗后先用厨房纸巾擦干水后再切片，炸的时候就不会油花飞溅。

❸ 煎过的素鸡容易吸味，一般煎至两面金黄即可，过久煎制会使口感过硬。

❶ 木耳温水泡发洗净后撕小朵。（图1）

❷ 素鸡切约3毫米厚的片，胡萝卜、青椒分别洗净切成小片，葱切葱花。（图2）

❸ 平底锅入油烧至七分热，放入素鸡片，煎至一面金黄，翻至另一面，同样煎至金黄色，捞出沥油。（图3）

❹ 锅中加入适量水烧开，胡萝卜、青椒、木耳入锅焯水后捞出。（图4）

❺ 另起锅入油烧至七成热，倒入素鸡片、胡萝卜、青椒、木耳，炒散后，调入生抽、白糖、盐。（图5）

❻ 翻炒2分钟后撒上葱花即可出锅。

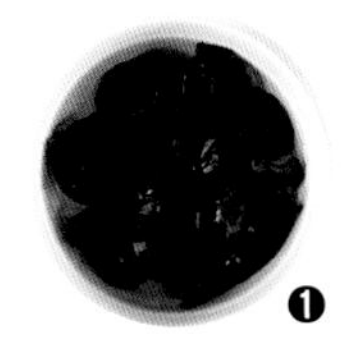
❶

❷

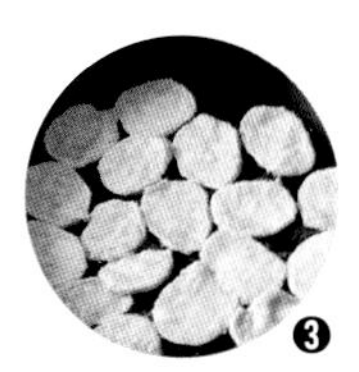
❸

❹

❺

素鸡煎炸过的味道，
和之前大不相同，
依稀还能尝到肉一般的滋味，
真的很奇妙。

雪菜炒豆干最下饭，
五分钟就能做好，
何乐而不为呢？

雪菜炒豆干

制作时间：5分钟　下饭指数：★★★★☆

材料

腌菜碎（雪里蕻）200克

豆干150克

小红尖椒2个

调料

生抽、白糖各1/4小勺

盐、植物油适量

做法

❶ 豆干洗净切成丁。（图1）

❷ 热锅入油烧至七成热，小红尖椒入锅爆香。（图2）

❸ 倒入洗净沥水后的腌菜碎，快速翻炒数下。（图3）

❹ 倒入豆干丁和少量水，翻炒1分钟。（图4）

❺ 调入生抽、白糖、少量盐。（图5）

❻ 充分翻炒均匀后关火即可出锅。

下饭秘诀

❶ 腌菜反复清洗后焯水，可以去除大量盐分。

❷ 炒腌菜时，因腌菜沥水后容易吸油，所以油要比平时炒菜稍多放一些。

❸ 腌菜本身带有咸味，烹炒时只需调入生抽、白糖中和一下味道，当然也可以根据个人口味调入少量的盐。

❶

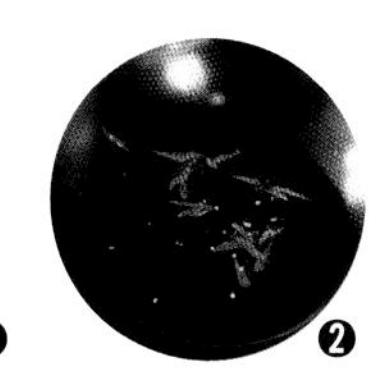
❷

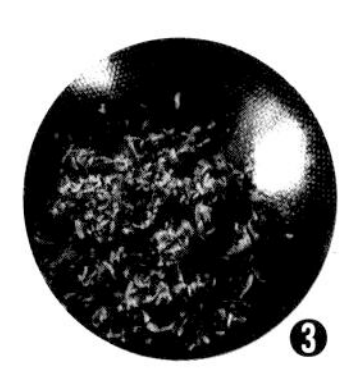
❸

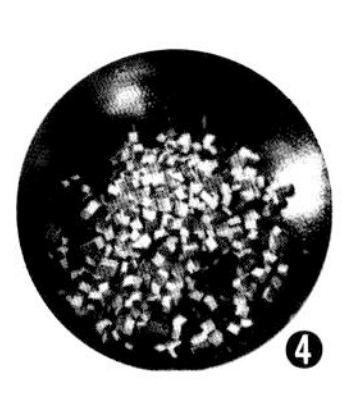
❹

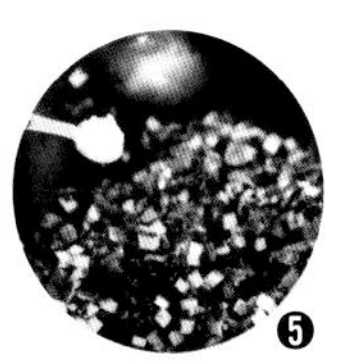
❺

茄汁海鲜菇

制作时间：10分钟　下饭指数：★★★★★

材料

番茄1个

海鲜菇250克

葱适量

调料

白糖、盐各1/4小勺

植物油适量

下饭秘诀

❶ 买来的番茄如果出汁量太少，可以适量地倒入小半碗水和一大勺番茄沙司中和一下口味。

❷ 海鲜菇很容易断，清洗和翻炒的时动作要轻一些，切太过细碎会影响口感。

做法

❶ 番茄洗净切滚刀块，海鲜菇切小段，葱切葱花。（图1）

❷ 锅中加入适量水烧开，海鲜菇入锅焯水后捞出沥水。（图2）

❸ 另起锅入油烧至七成热，倒入番茄块，将番茄煸炒出大量的汁水。（图3）

❹ 根据番茄的酸甜度调入适量白糖。（图4）

❺ 倒入海鲜菇，调入盐，翻炒均匀。（图5）

❻ 最后将汤汁收至黏稠，撒上葱花即可出锅。

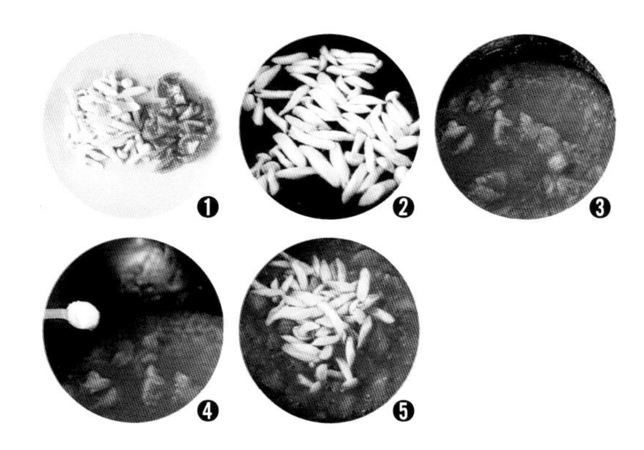

舀几勺酸酸甜甜的茄汁浇在饭上，
搭配几根海鲜菇，
谁都会爱上这美味。

春天的韭菜薹最鲜嫩美味，
除了搭配肉丝，
还可以和香干一起炒，
老人最喜欢吃。

香干炒韭菜薹

制作时间：8分钟　下饭指数：★★★★☆

材料

香干200克

韭菜薹200克

红椒1个

调料

盐1/4小勺

植物油适量

做法

❶ 香干切丝，韭菜薹洗净切段，红椒洗净切丝。（图1）

❷ 热锅入油烧至七成热，倒入香干、韭菜薹、红椒丝，翻炒1分钟。（图2）

❸ 根据个人口味调入盐。（图3）

❹ 翻炒至韭菜薹稍稍发软变色即可出锅。（图4）

❶

❷

❸

❹

下饭秘诀

❶ 韭菜薹不仅可以瘦身减肥，而且其富含的维生素A能起到美容护肤、明目润肺的作用。

❷ 除了散装的香干，现在也有了用真空袋保存的豆干。在选购时要注意查看包装袋上标签是否齐全，尽量选择生产日期与购买日期相近的产品。

❸ 没有用完的豆干，应用保鲜袋扎紧放置冰箱内，尽快吃完，如发现袋内有异味或豆干制品表面发黏，就不要食用了。

花菇炒南瓜

制作时间：5分钟 下饭指数：★★★★☆

材料	调料
南瓜250克	醋、盐各1/4小勺
花菇20克	植物油适量

❶ 花菇冲洗后热水泡发。（图1）

❷ 泡好的花菇洗净切片，南瓜去皮切片。（图2）

❸ 热锅入油烧至七成热，倒入南瓜、花菇片，翻炒至南瓜稍稍变软。（图3）

❹ 调入少量的醋，可防止南瓜在翻炒时过于熟烂不成形。（图4）

❺ 根据个人口味调入盐。（图5）

❻ 翻炒均匀，待南瓜熟透变色后关火即可出锅。

下饭秘诀

❶ 花菇是香菇的一种，可用冷水浸泡，夏天约需2个小时左右。如嫌慢，可用热水浸泡，半小时即可。泡后的水，香味浓郁，可沉淀后利用。

❷ 花菇泡发完，一定要彻底洗净，不然泥沙没有洗净会影响口感。

南瓜要切成薄片，
才能让花菇的味道融入进去，
鲜与甜的相遇，注定美味不可言。

和朋友在家小聚，
几分钟炒一盘腐竹黄瓜，
当作下酒菜，
尽兴吃喝，畅谈人生，
美哉！爽哉！

腐竹黄瓜

制作时间：8分钟　下饭指数：★★★★☆

材料	调料
腐竹80克	生抽1小勺
黄瓜1根	白糖、盐各1/4小勺
木耳5克	植物油适量
蒜头2瓣	

做法

❶ 木耳温水泡发洗净，腐竹温水泡发。（图1）

❷ 木耳撕小朵，黄瓜洗净切片，腐竹切段，蒜头切蒜泥。（图2）

❸ 锅中加入适量水烧开，木耳、黄瓜、腐竹入锅焯水后捞出。（图3）

❹ 热锅入油烧至七成热，蒜泥入锅爆香，倒入焯水后的木耳、黄瓜、腐竹。（图4）

❺ 根据个人口味调入生抽、白糖、盐。（图5）

❻ 充分翻炒均匀，关火即可出锅。

下饭秘诀

❶ 腐竹宜用温水浸泡，才能做到里外软硬一致。如用热水泡发，则容易造成软硬不匀。

❷ 腐竹在浸泡的时候，可能会漂浮在水面，最好用有重量的物体将腐竹压住，沉入水中，这样浸泡的效果更佳。

❸ 腐竹基本泡发后，可以切成段，再在温水中泡20分钟，这样泡出来的腐竹就更完美了。

蚝油花菇菜秧

制作时间：10分钟　下饭指数：★★★★★

材料

青菜秧300克

花菇20克

调料

蚝油1大勺

白糖、盐各1/4小勺

植物油适量

做法

❶ 锅中加入适量水烧开，加入少量盐，洗净的青菜秧入锅焯水后捞出沥水。（图1）

❷ 花菇泡发后洗净切块。（图2）

❸ 锅中加入适量水烧开，花菇入锅焯水后捞出。（图3）

❹ 热锅入油烧至七成热，调入蚝油，炒散。（图4）

❺ 倒入花菇块，翻炒上色。（图5）

❻ 调入适量白糖中和蚝油的味道，炒匀后与青菜一起摆盘即可。

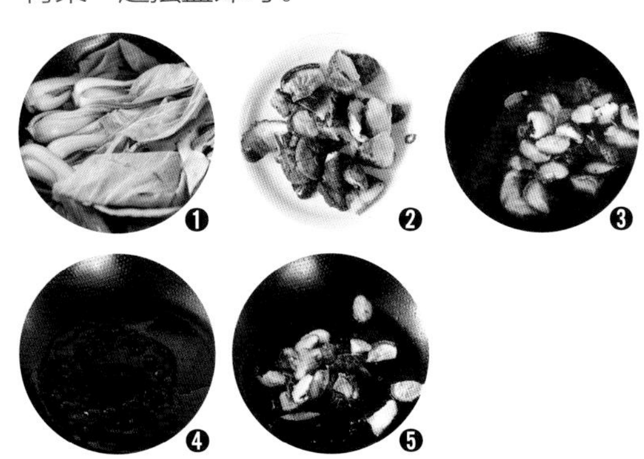

下饭秘诀

❶ 现在蔬菜的农药残留问题比较严重，买来的青菜一定要多浸泡，经焯水后再进行烹炒为好。

❷ 青菜焯水后会大量出水，摆盘前一定要尽量将水分沥干，否则最后会稀释掉蚝油的鲜味。

经典的菜肴，
不必多说，动手学吧，
好吃的美味自己做。

油煎后的豆腐色泽金黄，
再以不同色彩的食材相搭配，
让美味看得见，
让美味更诱人。

什锦豆腐

制作时间：12分钟　下饭指数：★★★★★

材料

豆腐1块
香菇5克
玉米、豌豆各50克

调料

生抽、香油各1小勺
白糖、盐各1/4小勺
植物油适量

做法

❶ 豆腐切片，香菇泡发后切丝，玉米、豌豆焯水备用。（图1）

❷ 锅内加入适量油烧热，放入豆腐炸成金黄色后捞出沥油。（图2）

❸ 锅内留底油，倒入香菇丝、玉米、豌豆，翻炒1分钟。（图3）

❹ 调入生抽、白糖，倒入适量水，大火烧开。（图4）

❺ 炸好的豆腐倒入锅中，调入盐，翻炒均匀。（图5）

❻ 将汤汁收至黏稠，淋入香油炒匀即可出锅。

下饭秘诀

❶ 豆腐提前炸至两面金黄，在炒的过程中就不容易翻炒碎了。

❷ 如果家中备有高汤，可以直接替换水，做出的菜品味道更佳。

❶

❷

❸

❹

❺

Part 8

下饭好搭档：汤、小菜

藕片瘦肉汤

材料

藕400克，猪瘦肉100克，香菇10克，葱末、姜丝、料酒、白糖、盐、植物油各适量。

❶ 猪瘦肉洗净切薄片，放碗里加葱末、姜丝、料酒和少量盐，拌匀后腌制5分钟。

❷ 香菇用温水泡发，洗净，藕洗净削皮切块，焯水备用。

❸ 热锅入油烧热，将肉片煸炒片刻，倒入适量水。

❹ 放入香菇、藕片、料酒、白糖，烧开后煮5分钟，调入盐即可出锅。

鱼头豆腐汤

材料

鱼头1个（约500克），嫩豆腐1盒，香菇8朵，葱段、姜片、料酒、盐、植物油各适量。

❶ 鱼头洗净剖两半，用厨房纸巾擦干。嫩豆腐切块放碗里备用，香菇泡发。

❷ 热锅入油烧至七成热，放入鱼头煎至两面金黄。将鱼头拨至一边，葱段、姜片入锅爆香，倒入足量开水至没过鱼头，调入少量料酒，转小火炖。

❸ 炖30分钟，待锅中汤呈乳白色后，放入香菇，加盐转大火烧开。

❹ 转中火烧5分钟，倒入嫩豆腐，中火继续烧2~3分钟即可。

土豆肉丸汤

材料

猪肉500克，土豆500克，菠菜250克，洋葱150克，鸡蛋清2个，香叶、盐、胡椒粉、清汤、植物油各适量。

❶ 土豆去皮洗净切块，菠菜洗净切小段后焯水备用，洋葱切丝。

❷ 猪肉剁成细馅后与鸡蛋清混合，搅拌均匀后挤成小丸子。

❸ 热锅入油烧热，洋葱丝入锅炒熟，加入适量清汤，倒入土豆块煮沸5分钟，放入香叶、胡椒粉、盐。

❹ 下肉丸继续煮，待肉丸煮熟时撒上菠菜即可出锅。

双冬豆皮汤

材料

豆皮100克，冬菇50克，冬笋50克，葱末、姜末、盐、香油、清汤、植物油各适量。

❶ 豆皮上屉蒸软，切菱形片。

❷ 冬菇温水泡发，洗净切丝，冬笋洗净切片。

❸ 热锅入油烧热，葱末、姜末入锅爆香，加入适量清汤，倒入冬菇、冬笋、豆皮，调入盐。

❹ 中火将锅煮沸，撇去浮沫，淋入香油即可出锅。

鸡杂汤

材料

鸡杂(鸡心、鸡肝、鸡胗各25克),生鸡蛋黄1个,面粉、黄油、胡椒、香叶、盐、清汤各适量。

做法

❶ 鸡杂去除杂物洗净,煮熟入冷水中过凉后切片。

❷ 黄油入热锅熔化后,加入胡椒、香叶,出香味后下入面粉炒熟。

❸ 倒入清汤,煮沸后倒入鸡杂,调入盐,将汤烧开。

❹ 生鸡蛋黄放入汤盆中加少量汤搅开,将烧开的汤冲入汤盆即可出锅。

腰片豆腐汤

材料

猪腰子200克,嫩豆腐1块,冬笋50克,香菇50克,料酒、生抽各1小勺,胡椒粉、盐各1/2小勺,葱段、姜片、高汤各适量。

❶ 猪腰子剥外层薄皮,切两半,去除腰臊洗净,切薄片,加入葱段、姜片、料酒,拌匀后腌制20分钟,香菇泡发。

❷ 嫩豆腐切小块,冬笋洗净切薄片,泡发香菇切薄片。

❸ 热锅加入高汤、生抽、胡椒粉、盐,煮沸后倒入腰片,腰片煮熟后撇去浮沫。

❹ 将豆腐块、冬笋片、香菇片放入汤锅,煮沸后调入适量盐即可出锅。

银耳莲子汤

材料

银耳25克，桂圆、莲子各50克，红枣2个，冰糖适量。

❶ 红枣洗净，桂圆、莲子洗净泡发。

❷ 银耳泡发，洗去杂质，撕成小朵。

❸ 将银耳、莲子、桂圆、红枣放入锅中，倒入适量水，大火煮开后改小火炖煮。

❹ 待银耳炖至成透明状时，放入冰糖调味即可。

萝卜排骨汤

材料

猪排骨250克，白萝卜100克，姜片、葱花、枸杞子、醋、盐各适量。

❶ 猪排骨洗净剁小块，入开水中煮3~5分钟，倒入少许醋，煮至没有血水后捞出洗净。

❷ 把排骨放入空锅，放入姜片，加水至没过排骨，大火煮沸后改小火慢炖。

❸ 白萝卜洗净切块，待汤色变白后入锅，大火煮沸后改中火。

❹ 白萝卜炖熟关火，放入葱花、枸杞子，调入盐即可出锅。

皮蛋豆腐

材料

皮蛋4个，嫩豆腐1块，青椒、红椒各1个，生抽、芝麻香油各1小勺，白糖1/2小勺，盐1/4小勺，醋1/8小勺，葱花适量。

❶ 嫩豆腐切小块，焯水后沥干水分。

❷ 皮蛋切小块，青椒、红椒均切丁后焯水。

❸ 生抽、芝麻香油、白糖、盐、醋混合调成调味汁。

❹ 将豆腐块、皮蛋、青红椒丁摆盘，淋上调味汁，撒上葱花即可。

酥炸小黄鱼

材料

小黄鱼8条，干淀粉60克，辣椒粉、孜然粉、泡打粉、料酒各1小勺，盐1/2小勺，花椒粉1/4小勺，植物油适量。

❶ 小黄鱼去鳍和内脏，洗净沥干，调入辣椒粉、孜然粉、花椒粉、料酒、盐，搅拌均匀后腌制20分钟。

❷ 将泡打粉与干淀粉混合均匀，将腌制好的小黄鱼裹上混合粉。

❸ 热锅入油烧至八成热，关火，将小黄鱼入锅，借余热炸至鱼身微黄后捞出。

❹ 再用大火将油烧至十成热（油冒泡），倒入小黄鱼，10秒后关火，捞出小黄鱼沥油即可。

凉拌海蜇

材料

海蜇皮300克，黄瓜1根，醋2小勺，辣椒油1小勺，盐1/2小勺，白糖1/4小勺。

❶ 海蜇皮用水充分浸泡至没有咸味，捞出切丝，黄瓜洗净切丝。

❷ 锅中加入适量水烧开，海蜇丝入锅汆水片刻，捞出入凉开水过凉。

❸ 白糖、盐、醋、辣椒油混合调成调味汁。

❹ 海蜇丝装盘，放上黄瓜丝，浇上调味汁即可。

咸蛋黄焗南瓜

材料

南瓜400克，蛋黄4个，盐1小勺，料酒1/2小勺，植物油适量。

❶ 蛋黄加盐、料酒，搅拌均匀后入蒸锅蒸熟。蒸熟的蛋黄用勺子碾碎，加1小勺水拌匀。

❷ 南瓜去皮去子，切成3毫米左右厚的薄片，入开水锅，加少量盐，煮至约八成熟捞出沥水。

❸ 热锅入油加热，放入蛋黄，用铲子顺时针推搅，小火炒到起气泡。

❹ 倒入南瓜片，使蛋黄均匀裹在南瓜片上，调入适量盐，翻炒均匀即可出锅。

芹菜拌腐竹

材料

芹菜茎200克，腐竹100克，小红尖椒1个，醋2小勺，辣椒油、生抽各1小勺，白糖、盐各1/2小勺。

❶ 芹菜茎洗净切小段、腐竹泡发切小段，小红尖椒切碎。

❷ 芹菜、腐竹、小红尖椒焯水，入凉开水过凉后装盘。

❸ 醋、生抽、辣椒油、白糖、盐混合调成调味汁、

❹ 将调味汁淋洒在装盘的芹菜、腐竹、小红尖椒上，冷藏1小时后食用口感更佳。

老醋花生米

材料

花生米400克，蒜薹50克，老陈醋1大勺，生抽1小勺，白糖、盐各1/2小勺，植物油适量。

❶ 花生米洗净后沥干水分，蒜薹洗净切小段，焯水后捞出备用。

❷ 冷锅入油，倒入花生米，开小火将锅加热，不停翻炒，待花生米变色后立即捞出沥油。

❸ 老陈醋、生抽、白糖、盐混合调成调味汁。

❹ 将调味汁淋洒在花生米和蒜薹上，搅拌均匀即可。

凉拌藕片

材料

藕400克，葱15克，蒜头4瓣，生抽、醋、辣椒油、香油各1小勺，白糖、盐各1/2小勺。

❶ 藕去皮切薄片，葱切葱花，蒜头切小片。

❷ 锅中加入适量水烧开，藕片入锅焯熟后捞出，入凉开水过凉。

❸ 生抽、醋、辣椒油、香油、白糖、盐混合调成调味汁。

❹ 藕片装盘，放入葱花、蒜片，将调味汁淋洒在藕片上，搅拌均匀即可。

尖椒鸡胗

材料

鸡胗200克，青椒2个，料酒、香油各1小勺，白糖、盐各1/2小勺，花椒、蒜末、植物油各适量。

❶ 鸡胗洗净切薄片，青椒洗净切丝。

❷ 热锅入油烧热，倒入鸡胗略炸后捞出沥油。

❸ 锅内留底油，花椒、蒜末入锅爆香，放入青椒丝翻炒数下。

❹ 倒入鸡胗，调入料酒、白糖、盐，翻炒均匀，淋上香油即可出锅。

附录：花样主食 配着小炒吃

红豆糯米饭

材料

糯米300克，红豆50克。

做法

❶ 糯米、红豆提前一天分别泡软备用。❷ 泡好的红豆洗净入锅，大火煮开后转中火焖煮15分钟，捞出沥干水分。❸ 泡好的糯米和红豆放入盆中，搅拌均匀。❹ 冷水入锅蒸，上汽后转中火将饭蒸熟即可。

牛肉焗饭

材料

米饭3碗，牛肉200克，白菜菜心100克，料酒、生抽、胡椒粉、葱花、盐、植物油各适量。

做法

❶ 牛肉洗净切小片，调入料酒、生抽、胡椒粉、盐，搅拌均匀后腌制15分钟，白菜菜心洗净切小片。❷ 热锅入油烧热，葱花入锅爆香，腌制好的牛肉入锅炒至七八分熟即可。❸ 米饭放入烤盘，将牛肉、白菜菜心码放在米饭上。❹ 烤箱预热至200℃，米饭入烤箱烘烤20分钟即可。

什锦果汁饭

材料

大米、牛奶各250克，菠萝丁、苹果丁各50克，黄瓜1根，白糖、水淀粉各适量。

做法

❶ 大米淘洗干净，水中浸泡1小时，加牛奶和少量白糖蒸成米饭。❷ 将菠萝丁、苹果丁入锅，加入少量水和白糖，烧沸后调入水淀粉勾芡，制成什锦沙司。❸ 黄瓜洗净横向切圆薄片，于盘边摆放一圈，将米饭盛入盘中。❹ 将制好的什锦沙司浇在米饭上即可。

粟米饭

材料

粟米300克，香菜段、猪油、盐各适量。

做法

❶ 粟米提前一天淘洗干净，水中浸泡至软。❷ 粟米放入蒸盘，入蒸锅大火蒸20分钟。❸ 蒸好的粟米趁热调入适量猪油、盐，搅拌均匀。❹ 粟米装碗，再蒸20分钟，撒上香菜段即可。

薏仁红枣百合饭

材料

大米200克，薏仁50克，百合、红枣各适量。

做法

❶ 大米、薏仁分别淘洗干净，水中浸泡1小时。❷ 百合掰瓣洗净，红枣洗净。❸ 大米、薏仁入锅，放入百合、红枣，加适量水。❹ 大火烧开后转中火将饭煮熟即可。

腊肉糯米饭

材料

糯米300克，腊肉100克，香菜适量。

做法

❶ 糯米提前一天淘洗干净，水中浸泡至软。❷ 腊肉洗净切薄片，香菜洗净切段。❸ 糯米入锅，将腊肉片放在糯米上，加适量水。❹ 将糯米蒸熟成饭，撒上少许香菜即可。

新疆手抓羊肉饭

材料

大米300克，羊肉200克，胡萝卜50克，葱花、姜片、孜然粉、白糖、盐、料酒、生抽、清汤、植物油各适量。

做法

❶ 淘洗净的大米水中浸泡1小时。沸水锅加料酒、姜片，洗净的羊肉入锅汆水。❷ 羊肉、胡萝卜切小块，葱花入油锅爆香，倒入羊肉、胡萝卜，调入生抽、白糖、盐、孜然粉，翻炒3分钟。❸ 倒入清汤至没过食材，焖煮至汤汁浓稠后，转入电压锅。❹ 将大米铺在上面，用煮饭程序将饭焖煮好即可。

紫米红枣饭

材料

大米200克，紫米100克，红枣、花生米各适量。

做法

❶ 大米、紫米淘洗干净后放入水中浸泡1小时。❷ 红枣、花生米洗净备用。❸ 将大米、紫米、红枣、花生米一同放入锅中，加适量水。❹ 搅拌均匀，大火烧开后转中火将饭煮熟即可。

《和宝宝一起玩游戏(0~3岁)》

主编：何锋

定价：49.80

这是一本0~3岁宝宝游戏大全，也是一本宝宝早教大全。80后学前教育博士爸爸用心编写，抓住3岁前宝宝身心发展的各个关键期，教你怎样做亲子游戏，怎样在玩中做早教。

200多种游戏，涵盖身体发展、情感发展、语言发展、习惯养成等宝宝身心成长的关键智能。游戏环境根植于日常生活，游戏用品常见，步骤简单，5分钟时间，在爸爸妈妈的引导下，开发宝宝最大潜能，带给宝宝一生受用的好处。

《烘焙给宝贝》

编著：孔瑶、慧慧

定价：39.80

这是一本专门为孩子设计的烘焙食谱，也是一本饱含爸爸妈妈对宝贝关爱的书。

少油少糖0添加的烘焙配方，吃多不胖的低糖面包，不蛀牙的爱心蛋糕，0失败的酥脆饼干，吃不腻的精致小点，超受欢迎的Q萌零食，全家人的美味主食，还有纯天然的布丁、冰淇淋、饮品……众多美食配方，打开书，一看全知道。

图书在版编目（CIP）数据

80后男人厨房：无敌下饭菜 / 孔瑶编著 . -- 南京：江苏凤凰科学技术出版社，2015.1（2015.5 重印）
（汉竹•健康爱家系列）
ISBN 978-7-5537-0579-8

Ⅰ. ① 8… Ⅱ. ①孔… Ⅲ. ①菜谱 Ⅳ. ① TS972.12

中国版本图书馆 CIP 数据核字（2014）第 248654 号

80 后男人厨房：无敌下饭菜

编　　著　孔　瑶
主　　编　汉　竹
责任编辑　刘玉锋　姚　远　张晓凤
特邀编辑　王　杰　李　静
责任校对　郝慧华
责任监制　曹叶平　方　晨

出版发行　凤凰出版传媒股份有限公司
　　　　　江苏凤凰科学技术出版社
出版社地址　南京市湖南路1号A楼，邮编：210009
出版社网址　http://www.pspress.cn
经　　销　凤凰出版传媒股份有限公司
印　　刷　北京艺堂印刷有限公司

开　　本　720mm × 1000mm　1/16
印　　张　16
字　　数　60千字
版　　次　2015年1月第1版
印　　次　2015年5月第3次印刷

标准书号　ISBN 978-7-5537-0579-8
定　　价　39.80元